节水大家谈

JIE SHUI DA JIA TAN

顾浩◎主编

水是生命之源。

她孕育了生命，滋养了人类，

支撑了“地球村”的生存，支撑了社会进步和经济发展。

“集腋成裘、聚沙成塔”，节水是一项大的系统工程，

每个行业的节水举措、每一个人的节水之举近乎细微，

但恰恰是这些细微，推动着一个节约型社会的到来。

长江出版社

主　　编　顾浩
副 主 编　李鹰　杨得瑞
执行主编　李中锋　果天廓
参编人员　张范　李名生　夏明勇　李丹颖
王伟华　庞亚斌　赵建平　吕娜
吴頔　谢群　段连红

策　　划　水利部办公厅
中国水利报社
北京乐水文化传播有限公司
邮　　箱　leshui@chinawater.com.cn
电　　话　(010) 63205234

节水是现代文明的发展模式和生活方式

水是生命之源。她孕育了生命，滋养了人类，支撑了“地球村”的生存，支撑了社会进步和经济发展。

但是，20世纪下半叶，“水危机”的警告不绝于耳。据联合国去年公布的情况，20世纪的100年，地球上人口增加了3倍，而淡水用量增加了7倍。地球上的淡水资源不仅是有限的、不可替代的，而且大体是一个常量。试问，人类如果继续这样发展，地球村的和谐能持续吗？

我国是一个人均水资源量不丰裕的国家。但是在生产和生活中，缺水和浪费水的现象都很严重。我国的水资源总量不算少，但被13亿这个分母一除，就只有世界平均水平的1/3了。矛盾的是，虽然我们的水资源十分紧缺，但水的浪费却随处可见，科学用水、节约用水做得还很不够。如在工业用水方面，我国每吨水产出的工业产值只有世界先进水平的1/5，水的重复使用率只有60%(先进国家达到85%以上)；在农业用水方面，我们的灌溉利用系数只有45%左右，这意味着，有一半左右的水没有被有效利用；我们在城市用水上，“跑冒滴漏”屡见不鲜，全国城市水管网的平均漏损率超过20%，大量的自来水白白流失。

我们只有合理配置和科学利用水资源，转变经济发展模式和社会生活方式，建设节水型社会，才能可持续发展。

为了节水，我们可以这样做：

研究地区光热、水土资源特点，研究先进的灌溉技术，采用和推广节水技术和设备，提高大气水、地表水、土壤水和地下水等水资源的利用效率，发展节水灌溉，发展高产、优质、高效的现代农业。

采用循环式的工业设计工艺流程，调整高耗低效产业，改造和淘汰浪费水的工艺和设备，开发先进的水资源利用技术，最大限度地提高用水效率。

为了节水，我们还可以这样做：

在水龙头上安装流量控制阀门，根据住房的自来水压力合理控制水流。

采用节水型的抽水马桶，这样每月至少可以节约300升水。

……

如果我们的工业依然粗放经营，高耗水，污染水环境；农业依然大水漫灌；生活依然让身边的水“长流不息”。这就说明我们的头脑中还没有珍惜水的概念和节水的意识，说明我们的发展模式和生活方式还不够现代和文明。

新世纪，随着我国经济快速增长和人口不断增加、生活水平不断提高，淡水、土地、能源、矿产等资源日益紧张，环境压力日益增大。节约，在今天不仅仅是一种美德，还关乎国计民生。现存资源的消耗和匮乏，未来发展的需求与压力，让我们必须静心聆听自然的警示。

中共十六届五中全会提出，“提高自主创新能力，转变经济增长方式，发展循环经济，建设资源节约型、环境友好型社会，走新型工业化道路”。这些关键语汇描述着我国未来发展的新模式。

最近20年是解决我国水资源问题的关键时期。我们尽最大的可能把宝贵的水资源留下来，这应当是我们唯一的选择。这与每个人的切身利益息息相关，需要人人都行动起来。“集腋成裘、聚沙成塔”，节水是一项大的系统工程，每个行业的节水举措、每一个人的节水之举近乎细微，但恰恰是这些细微，推动着一个节约型社会的到来。

为落实科学发展观，促进节约用水，水利部办公厅与《人民日报》和《中国水利报》联合开办了“节水大家谈”栏目。栏目得到了广大读者的积极响应，来自各行各业的关心中国水问题的人们，纷纷向编辑部投来稿件，对节约用水和解决水资源短缺问题，谈观点、讲经验、提建议。为使这些声音在更广的范围中传播，我们将栏目中刊登的文章进一步整编，并以此为基础，收集整理了我国水资源状况及节水的有关知识和专家观点，编辑成册，遂成此书。

全书共分六章，分别从节水的意义、农业节水、工业节水、城市生活节水、防污治污和节水型社会建设等方面分析背景、介绍知识、传播观点、发表议论，希望对大家了解我国的水资源状况、认识节水和关心支持节水发挥积极的作用。

顾浩

2007年7月

目录

第一章：我们为什么要节水

知识链接 45

第二章：农业节水潜力最大

第三章：工业节水任重道远

背景 78

大家谈 81

知识链接 87

第四章：城市生活节水从点滴做起

知识链接

第一章：我们为什么要节水

当我们的水龙头经常被迫停水的时候，当我们口渴难耐却没有水喝的时候，当工厂因限水而停产、禾苗因缺水而枯槁、湿地因干旱而退化的时候，我们是否意识到水对我们的沉重挑战？

我们国家总体上水资源较为短缺，进入20世纪90年代以来，我国的水资源短缺局面逐渐加剧，这种情况在我国的北方地区表现得尤其严重。

当前，建设节水型社会，不断提高水资源利用效率和效益，已成为保障我国经济社会可持续发展的必然选择。节约用水已成为摆在全国人民面前的一件具有战略意义的大事。

背景

世界面临水危机

世界正面临水资源危机：12 亿人用水短缺，24 亿人缺乏用水卫生设施，每年有 300 万～ 400 万人死于和水有关的疾病。水资源危机带来的生态系统恶化和生物多样性破坏，也严重威胁着人类生存。

我国面临水危机

有很多人还不知道，我国水资源十分紧缺，已经成为经济社会可持续发展的严重制约因素。按目前的正常需要和不超采地下水的情况下，正常年份全国缺水量将近 400 亿立方米。

随着人口的增长、经济的发展，我国的需水量，尤其是工业和生活用水量将进一步增加，我国水资源供需矛盾将更加突出。

总量多，人均少

我国人口众多，水资源人均占有量很低。我国拥有的淡水资源总量约为2.8万亿立方米，这一总量低于巴西、俄罗斯、加拿大、美国和印度尼西亚，居世界第六位。但由于人口众多，我国人均水资源占有量低，不足世界平均水平的1/3。一些流域如海河、黄河、淮河流域，人均水资源占有量更低。

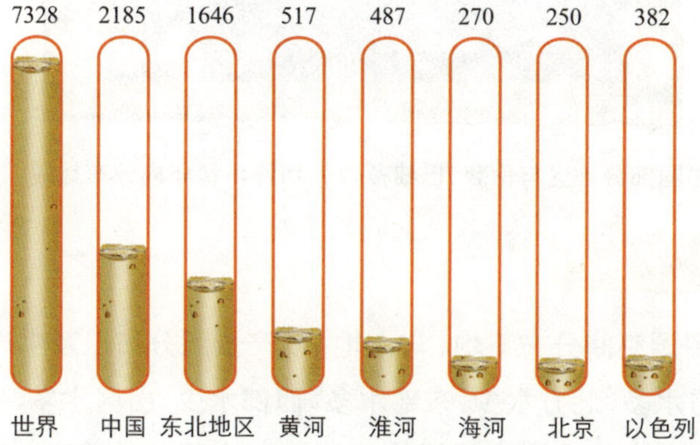

年人均水资源占有量对比图

夏秋多，冬春少

受季风的影响，我国水资源的时间分布极不均衡，基本上是夏秋多、冬春少。总体表现为降水量越少的地区，年内集中程度越高。北方地区汛期4个月径流量占年径流量的比例一般在70%～80%，其中海河、黄河流域部分地区超过80%，西北诸河部分地区可达90%。南方地区多年平均连续最大4个月径流量占全年的60%～70%。这种水资源分布情况不但容易形成春旱夏涝，而且水资源量中大约有2/3是洪水径流量，形成江河的汛期洪水和非汛期的枯水。

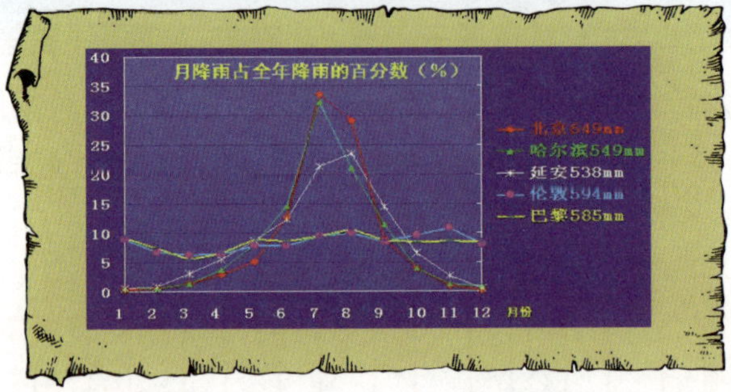

中国部分地区与伦敦、巴黎多年平均降雨量年内分布比较

南方多，北方少

我国水资源空间分布不均，与土地、矿产资源分布以及生产力布局不相匹配。南方水多、北方水少，东部水多、西部水少，山区水多、平原水少。全国年降水量的分布由东南的超过3000毫米向西北递减至少于50毫米。北方地区（长江流域以北）面积占全国63.5%，人口约占全国的47%、耕地占65%、GDP占45%，而水资源仅占19%。其中，黄河、淮河、海河3个流域耕地占39%，人口占35%，GDP占32%，水资源量仅占全国的7.7%，人均水资源量仅为457立方米，是我国水资源最紧缺的地区。

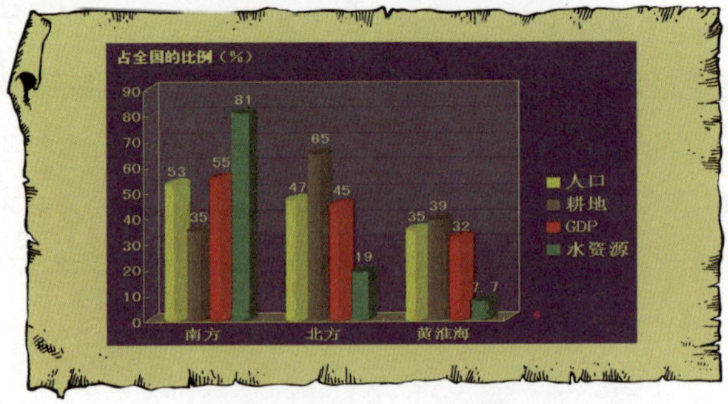

我国水资源与人口分布图

全球气候影响，北方降水减少

受全球性气候变化等影响，近年来我国部分地区降水发生变化，北方地区水资源明显减少。近 20 年来，全国地表水资源量和水资源总量变化不大，但南方地区河川径流量和水资源总量有所增加，增幅接近 5%，而北方地区水资源量减少明显，其中以黄河、淮河、海河和辽河区最为显著，地表水资源量减少 17%，水资源总量减少 12%，其中海河区地表水资源量减少 41%、水资源总量减少 25%。北方部分流域已从周期性的水资源短缺转变成绝对性短缺。

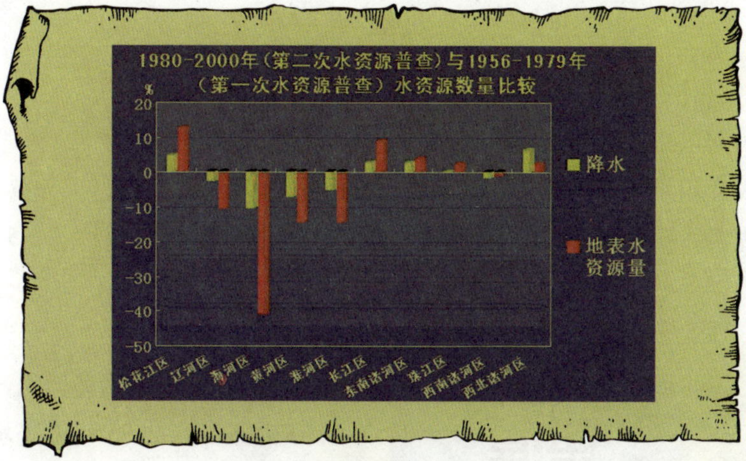

两次水资源普查水资源数量比较

以上这些水资源特点，反映出我国总体上是一个干旱缺水的国家。我国来水的时空分布不均给水资源开发利用带来很大困难，必须修建相应的蓄水、调水等水利工程实现来水和需水的匹配。解决时间分布不均要采取修水库的方法，解决空间分布不均需要建调水工程，而要解决水资源总量不足的问题只能靠节水。

解决时间分布不均：修建水库

解决空间分布不均：建调水工程

解决总量不足：只能靠节水

一边是干旱缺水，一边是浪费严重

长期以来我国存在着用水效率较低、用水浪费严重的现象。

农业用水效率方面，全国平均单方灌溉水粮食产量约为 1 千克，而世界上先进水平的国家（如以色列）平均单方灌溉水粮食产量达到 2.5 ～ 3.0 千克。目前我国大部分地区仍然采取传统的大水漫灌方式，农业节水灌溉面积占有效灌溉面积的 35%，灌溉水有效利用系数仅为 0.45 左右，而英国、德国、法国、匈牙利等国家，节水灌溉面积比例都达到了 80%以上，以色列的灌溉土地全部采用微灌和喷灌，灌溉水有效利用系数在 0.7 ～ 0.8 之间。

工业水重复利用和再生利用程度较低，用水工艺比较落后，用水效率较低。我国2005年万元GDP用水量为304立方米，约为世界平均水平的3倍，是美国等先进国家的6倍。我国2005年万元工业增加值用水量为168立方米，工业用水重复利用率为60%～65%。国外发达国家万元工业增加值用水量一般在50立方米以下，工业用水重复利用率一般在80%～85%以上。如美国2000年万元工业增加值用水量不到15立方米，工业水重复利用率约为94.5%；日本万元工业增加值用水量也仅为18立方米，工业用水重复利用率达到80%以上。总体来看，我国现状工业用水重复利用率仅相当于先进国家20世纪80年代初的水平，节约用水还存在较大潜力。

生活用水方面，公众节水意识有待提高，节水器具使用率普遍偏低。此外，我国海水利用和再生水利用水平较低。

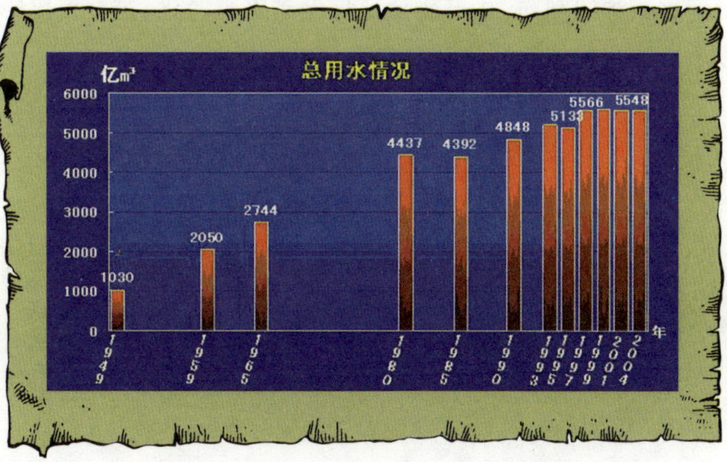

新中国成立以来，我国用水总量变化示意图

节水是唯一的选择

近年来，全国用水量持续增长，除农业用水基本保持稳定以外，工业和生活用水都在不断增加。水资源的供需矛盾导致工农业争水、城乡争水、地区间争水，生态用水被挤占，地下水被超采。

目前，水资源开发利用的难度越来越大。北方大多数河流水资源开发利用超出水资源承载能力。我国淮河流域、西北部分内陆河流、辽河和黄河流域水资源开发利用率均超过或接近60%，海河流域已经超过100%，远远超过流域允许的水资源开发利用上限。

现实告诉我们，如果不改变传统的高投入、高消耗、低效率的粗放型增长方式，如果不在全社会进一步强化节水意识，经济的发展必然会越来越多地受到水资源的制约，生产生活环境会越来越恶化，这将直接影响着全面建设小康社会宏伟目标的顺利实现。

每个人浪费一点水资源，数额就非常巨大；每个人节约一点水资源，就是一笔巨大财富。节约用水，是我国可持续发展战略的重要一环。

大家谈

变“要我节水”为“我要节水”

在市场经济条件下，用水者作为自由的市场主体，从利益最大化出发，只有在节水收益大于节水成本时，才会积极主动采用节水措施。所以，要从利益上刺激用水者节水。

如在初始水权没有赋予用水者的情况下，用水者投资节水后，当节约的水用于其他地方时，是得不到补偿的。此时，节水只是对国家这个整体具有重大意义，但对节水者来说经济效益不明显，这样用水者是不会投资节水的。

传统节水手段使节水很难与用水者的经济利益直接挂起钩来，这样节水只是政府主导下的行为，即政府“要我节水”，而非用水者的“我要节水”的自觉行动，节水效果可想而知。这可以说是我国节水工作进展缓慢的根本原因。

节水是一个综合性的问题，它贯穿于水资源的开发、配置、使用等全过程。如果只注重某一领域或某

一环节的节水，人为割裂它的整体性，那么节水工作很难形成协同效应，这样的节水只能是某一方面的节水，很难使节水成为全社会自觉的共同行动。所以当前，让“我要节水”的理念深入群众是很有必要的。

陈书奇 杨柠

四种途径促节水

促进节水主要有四种途径。

首先，靠观念节水。如今许多国民还没意识到节约用水的极端重要性，其思维定式尚停留于20世纪五六十年代教科书所宣传的那样：水是取之不尽，用之不竭的资源，是大自然赐给人类的。这使他们觉得多用水不算什么浪费，比如在我国最缺水的西北内陆城市，居民人均用水量居然是欧洲国家的两倍之多，可见节水潜力巨大。假如国人每人每月少用1吨水，那么13亿人口所节省的水无疑就是一个天文数字。这种潜力是完全可以挖掘出来的，关键要教育和引导公民转变用水观念，牢固树立节水意识。

其次，靠科技节水。据统计，2004年万元GDP用水量，世界平均水平为101立方米，先进国家为50立方米，中国则达到399立方米。如此巨大的差距主要差在科学技术落后。差距意味着潜能，我们要推进科技进步，大力发展节水型工业、节水型农业，就一定能大大降低经济发展对水资源的消耗。

第三，靠法制节水。目前我国对水资源管理的法律体系已经滞后于经济发展速度，法律法规条文线条粗，执法弹性大、处罚力度小，无疑是一个很大的缺陷。依法治水需要从严从细，国外的经验值得借鉴，比如城市家庭普遍使用的抽水马桶，英国议会早在 60 多年前专门制定了一部“马桶法律”，规定坐便器每次用水不得超过 6 升，耗水量 6 升以上的马桶不得进入市场。小小马桶每天要“吃掉”多少水？我们完全可以通过立法限制马桶的“吃”水量。

第四，靠价格杠杆节水。水价偏低是造成水资源浪费的一个重要原因。如黄河沿岸一些农村使用 1000 立方米黄河水浇地，所付价格居然比买一瓶矿泉水还便宜。过低的水价不利于公民节水意识的培养，提高水价势在必行。水价的提升不单单是个价格问题，也体现了水作为一种战略资源本身所具有的价值，此举有助于公民节水观念和习惯的养成。北京、上海、江苏、四川、河北、广东等省市开始着手对城市居民生活用水实行阶梯式计量计价，这种“阶梯水价”对正常、合理用水的居民没有增加大的负担，而超额用水者则须付出高价，这是科学的。

尹卫国

停水的日子真难受

不久前，因市政供水管道改造，全城要停水了。我赶紧找出家里所有能盛水的容器，一只只大大小小的水桶、水盆、水壶还有浴缸，甚至洗衣机都预先接满了水，楼顶的太阳能热水器也放满水“待命”，好歹可以坚持两天吧。

用惯了“取之不尽”的水的人们，到了这个时候，才明白应该怎样节约用水：刷牙洗脸，只能舀起一点，尽量省着用，洗完了还要用来冲马桶；买菜就多买一些冬瓜丝瓜黄瓜之类，避免用大量的水洗菜；淘米水用来洗菜，洗菜水也舍不得轻易倒了——得用来洗碗。经过这样“综合利用”后，才舍得倒掉。至于洗澡、洗衣服，那就先忍忍吧！还有，不敢用家里的卫生间了——没水冲……唉！停水的日子真是不堪忍受。

郑金修 浙江省龙游县

给老婆算节水账

1992年以来，我家每人每月平均耗用自来水2吨，比一般人家少用1吨水左右。在没实行银行代交水费以前，每当收费的人来，邻居们看到我家用水这么少，都觉得奇怪。

那还是在1990年，我看到报纸上关于我国水资源人均短缺及日趋污染、开采过度的报道后，就下决心节约用水。为了避免做饭和洗少量衣服时的放水跑水现象，我在厨房放了水缸，在浴室放了一个大塑料桶。另外，我家特别注意提高水的重复利用率：洗菜就用盆具装着，用淘米的水洗，这样既节水，菜又洗得更干净；第二次洗菜后的水用来刷锅和粗洗用餐后的碗碟等。

当然，这样做并不是一直顺利的，一开始就遭到老婆的唠叨、顶牛。面对这种情况，我一边坚持自己的做法，一边耐心地给她讲我国水资源短缺的情况，讲本市供水艰难的情况。我还算账给她听：每人节约1吨水，全市区就是12万吨，全国就是13亿吨。久而久之，就得到了家人的理解和支持。

汤霭庭 广东省台山市台城镇

浅水区也要节约用水

与干旱地区相比，浅水区（指浅层地下水丰富的地区——编者）群众用水实在是幸福；与干旱地区相比，浅水区群众用水实在是奢侈；与干旱地区相比，浅水区群众节水意识实在是淡薄——因为用水太方便了：“家家都有手压井，轻轻一动活水来！”所以，也就没有了用水危机感，没有了量的概念，没有了节约用水的观念和意识，用水随心所欲。

浅水区如何推进节约用水？笔者认为：一要认真执行《取水许可和水资源费征收管理条例》。取水许可制度是我国水资源管理的一项重要制度，是政府依法调控全社会对水资源需求的基本措施和实现我国经济社会可持续发展的重要保障。凡是地表水能流到的地方一律封井，并要有严格的打井取水审批程序，不能谁想打就打，想打多少就打多少，想打多深就打多深。二要一村一井集中供水。浅水井除了高氟，还有其他有害物质。解决群众饮水安全问题已经列入各级政府议事日程，国家拨出专项资金予以支持。各级政府在抓好落实的同时，要制订周到细致的实施方案，使群众尽早吃上安全水、放心水、卫生水。三要在实施饮水安全工程过程中，对各家各户现有的手压井安装水表，控制水量，以量计费，逐步改变人们的取水习惯，转变人们的用水观念，增强人们的节水意识，将节约用水变为人们的自觉行动。

温江水　邯郸市漳滏河灌溉供水管理处

节水需要破除认识误区

节约用水，建设节水型社会，需要全社会的广泛参与和支持。只有加强宣传教育，提高全社会对节水型社会的认识，树立正确观念，破除思想认识误区，使水危机的意识深入人心，才能形成人人爱护水、处处节约水的良好风尚。

当前少数人在节水问题上存在着思想认识误区。一是“我们这里水多，不用节水”。有些地方由于得天独厚的水利条件，水量较多是事实，但如果不节约用水，也许就影响别人用水；水用过以后，形成污水也要处理，

否则影响环境。从全国来看，我国是一个干旱缺水的国家，人均水资源只有世界平均水平的1/3，人均水量低，何况即使水多的地方也有水质型缺水的问题。二是“我花钱了，水浪费不浪费是我自己的事”。水是宝贵的自然资源，即使你花了钱，浪费了也不道德。三是“节水呀，那是农业、工业用水大户的事，我们单位和个人多用这点儿水不算回事”。一个单位、一个人节约的水确实不多，但中国有13亿人口，每人每年节省1吨水，一年就能节约13亿吨水。有资料显示，卫生间用水量占家庭用水的60%～70%，而抽水马桶每天耗掉的水量就达40%，一个三口之家若将家中的9升马桶换成3升/6升双挡节水型，平均每月可节省2吨多自来水。

当然，社会上还有其他种种错误认识，有待政府有关部门和广大水利工作者针对不同群体、不同时段、不同重点，采取贴近群众、突出重点、体现地方特点的方法，消除错误认识，动员全社会参与节水型社会建设。

简培龙 江苏省三河闸管理处

节水是美德

面对水危机的严重威胁，我们应该思考：节水仅仅是有经济效益吗？

节水可以带来经济效益，但更深远的意义是能产生很好的社会效益。俭以养德，节水体现美德。无论一个人还是一个企业，“德”是很重要的。人们既要谋求经济发展，也应注重品德修养。比如外商在寻求投资合作伙伴之前，除考察对方发展前景外，还十分注重对方的诚信和品德，如果你的产品是在一种极端浪费条件下生产出来的，合作成功率就会降低，他们会认为过度的资源浪费会导致市场竞争力下降。

如果将节水仅仅定位在经济效益上，则不能引起社会的足够重视。试想一下，即使每吨水100元，1公斤水只有1角钱，和矿泉水比要便宜得多。

那些没有社会责任心的人怎么可能会为1角钱去费心、费时呢？而那些节水意识稍差的人会这样想："出门少打一次车，改乘公交车可省几十元钱，走几步路还有益健康，还用得着去节水省几个小钱吗？"因此，加强宣传教育，认识节水的重要意义，提高节水意识，养成节水习惯，才是最重要的。

节水宣传年年搞，而社会的节水意识还是极为有限，究其根源是认识不到位。我个人认为，节水要站在社会主义荣辱观角度来宣传和落实，大力倡导节水光荣、浪费可耻理念。我们要将爱水、护水、节水与评定一个人思想素质和道德水平结合起来，与五好家庭、文明市民、优秀企业等评选结合起来；要将节水写进市民公约，甚至写进法律法规，对浪费水资源的现象要有道德谴责和法律法规的严肃处理。

姜以才 江苏省金坛市水利局

由"牲口追汽车"想到的

上大学时，同学讲过他家乡的一个"牲口追汽车"的故事：在甘肃省甘谷县的一些乡村，年年干旱，方圆几十里的地方找不到水源。于是，当地政府就组织车队，用汽车从很远的地方给他们送水。每人每天1千克水，每个牲口每天2.5千克水。由于水太少，牲口太渴，村民们拉着牲口去分水，分到水马上让牲口就地喝水。时间一长，每当牲口见到路上有汽车开过去时，就奔过去追赶。

在我女儿会走路后，当她浪费水时，我就给她讲这个故事，慢慢地，她也开始自觉节约用水，不再玩水枪游戏了。

节水意识需要不断培养。我们家准备了两个大塑料桶，一个用来盛洗菜的水，另一个用来接洗衣后的废水。洗菜的水留下来刷锅，刷锅后的水用来冲厕所。洗衣服时，尽量一次多洗衣，第一次进水后，洗衣到快要放水时，切断电源强行终止放水，取出衣服，放进另一些要洗的衣服，将水反复利用；清洗时，也采取同样的办法，这样虽然有点麻烦，但节约了近1/3的水量。

在我的影响下，岳父、岳母也改变了惯用大量流水洗漱的做法，改用小流量或盆接用水。

最近，我们单位开展了新一轮的节水宣传，大楼里所有水龙头都拆掉，重新安装了自动水龙头。这个做法，听起来很好，但实际效果是：洗手时出水量很大，想用小水洗手，可无法控制；洗完手人走后，水龙头还在流水。另外，有些同事上班中途去洗手间照镜子，现在倒好，往镜子跟前一站，水龙头就哗哗地“笑”！ 像这种节水的做法，实在不可取。

弱水 北京市民

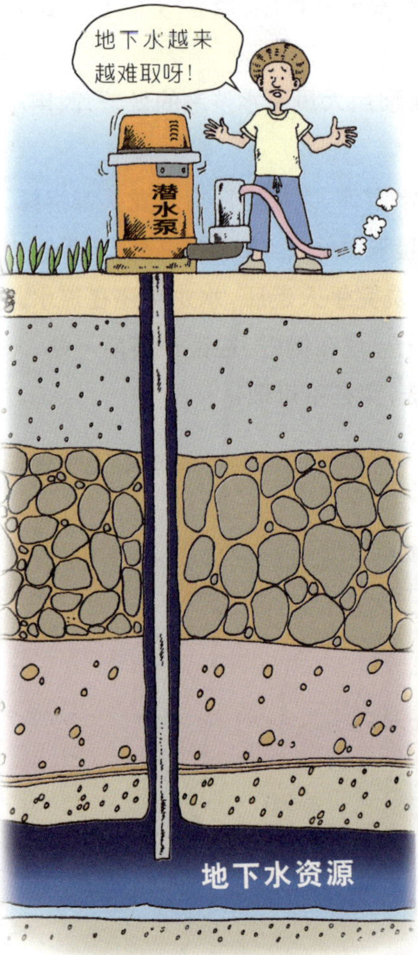

二叔的叹息

星期天回老家，碰见二叔正在浇地，我赶紧上前搭把手。系潜水泵的两根长绳快要放完了，水泵才下到井底的水里。

二叔一声叹息："唉，现在水位下降到地下十四五米，以后抽不上水可咋办？"

记得在我幼时的夏秋季节，只要蹲下身子伸伸胳膊，就能从井里舀出水来。随着灌溉等农业用水急剧增加，地下水位不断下降。过去浇地用水车，后来变成了能抽八九米深水的离心式水泵，近些年又换成了能抽更深层地下水的潜水泵。

我粗略算了一下，二叔用的潜水泵每小时出水量为 30 立方米，这样浇 1 亩地需用水 100 多立方米。在正常气候条件下，土地一年两熟或三熟，至少浇 5 次水，1 亩地一年用水在 700 立方米左右。

我告诉二叔："根据报纸介绍，土渠改成防渗渠，可以节水30%。"

二叔又是一声叹息："改防渗渠不是仨俩钱的事，这心谁操、钱谁垫、力谁出？"

在二叔的叹息声里，可以听出农民已经懂得了地下水再不是取之不尽、用之不竭的了，感觉到了农业也面临着缺水的危机。然而，农业节水急需的是政策的引导，是政府的扶持，是科技的普及，是基层干部积极有效的组织。

常方元 山东省成武县委宣传部

节水应从耗水大户抓起

我所在的太原市是一个水资源匮乏的都市。过去"汾河流水哗啦啦"，而今河道基本都干涸了，只好引黄河水来解决城里人生活用水的问题。但城里一家家洗车店的浪费却令人吃惊。

我的一位朋友是洗车店老板，他说："洗车用水无所谓，黄河之水天上来，有的是水呀！"我为他算了一笔账：洗一辆车用水50千克，一天30辆车的耗水量就是1500千克，一个月就是4.5万千克水。按照人均每天用水5千克统计，一家洗车店每天就"剥夺"了300人的正常用水量，全市乃至全国的洗车店要浪费多少水？

当年我在太行山一个贫穷缺

水的村子做过扶贫工作，后来村里老乡来城里看我，当他看到洗车店一个劲儿地用清水冲洗轿车时心疼地说，我们山里人一盆水用 4 遍：淘米、洗脸、洗菜，最后给牲畜饮用，一点都不敢浪费。你们的车用水龙头冲了一遍又一遍，珍贵的水“哗哗”地流走了！

这样的事实使我不得不呼吁：节水应该从洗车店开始，因为他们是浪费水资源的大户。

吴文平　山西省人民检察院

涉水行业应带头搞好节水

今年春节，在外地自来水厂工作的表弟回家乡探亲。闲谈时表弟无意中谈到了他们单位发放“福利水”的事，即单位规定每人每月享受 10 吨的免费水，10 吨以外的按现行水价的半价收费。笔者听后，总觉得有话想说。

“靠山吃山，靠水吃水”，管什么的什么富裕，这曾是计划经济时期的一种现象，也是一种极不公的资源分配方式。尽管这些单位的领导是为职工着想，但它所产生的负面作用却不容忽视。首先，不利于促进单位内部职工群众的节水。就像表弟所在单位的规定：每人每月免费用水10吨，超出部分按半价计。实际上，对有些家庭来说，正常用水每月五六吨就足够了。可是，由于是免费的，不用白不用，这样就势必造成浪费。另外，国家几次调高水价的目的之一是为了促进全民性节水，而采取半价，不仅造成水浪费，而且使水费打了折扣，损害的是国家的利益。其次，倡导节水的说服力大打折扣。涉水行业担负着党和政府赋予的宣传倡导节水的重任，如果自己不能以身作则，广大群众会怎么想呢？毋庸置疑，影响是消极的，这将不利于节水工作的开展。因此，在建设节水型社会的今天，带头节水、宣传节水是涉水行业的责任。

李松梧　山东省沂水县水土保持局

天上下雨地上“留”

节水的措施有很多，我认为让天上下雨地上“留”，委实是一项不应轻视的好办法。

以笔者生活的江南地区为例，每年的梅雨季节，应是蓄水的极好时机。若能提前建起若干蓄水池，或是及时疏通中小水库的水道，单靠梅雨季节存蓄的雨水，不仅对解决夏季抗旱用

水有显著的效应，就是对梅雨季节的排涝工作也很有益处。比如毗邻的宁（南京）镇（镇江）地区，皆处于丘陵地带，又都属于水资源较缺乏地区。然而在梅雨季节和秋季多雨水的时段，却常可见到由于连连降雨，渗析出来的山水没有经过任何利用白白流走。因此笔者建议，水务部门需高度重视对雨水季节里山上渗水的利用，广建蓄水池或小型水库，做好雨水利用这篇文章。一切有条件的厂矿、学校和广大的农业耕作区与农户，都应当努力用心做到“留”住雨水，把“老天爷”和大自然的馈赠充分应用好。

李泽广　镇江市教师

鄱阳湖区也应居安思危

我们生活在江南水乡鄱阳湖边，浩瀚的鄱阳湖似乎拥有不竭的水资源，怎么都用不尽。因而这里的人们几乎没有节水意识，浪费十分严重。然而，近年秋冬季节，鄱阳湖水位下降，湖区面积大幅度收缩，经常发生船只搁浅事件，鄱阳湖区水资源隐患可见一斑。如果不居安思危，中国第一大淡水湖离水资源危机就会越来越近。

节约用水，首先在于树立全民节水意识。鄱阳县城居民用水按吨计费，用多用少一个价，供水部门还规定每月用水不到8吨的按8吨计费，这似乎鼓励浪费用水。应该取消最低用水消费，并设置阶梯水价，用水越多，水价越高，以倡导节约用水。

节约用水，其次要靠全社会通力协作。比如长流水现象，症结就在于有的单位疏于管理。建议像消防检查一样检查用水，对屡次浪费用水的，要给予经济处罚，对“财大气粗”不怕罚款的可以对其采取短期停水处罚，迫使其改进管理。供水部门要建立巡查制度，对破裂、渗漏的管道及时修补，把意外浪费控制在最小限度。

节约用水，最关键的是要走好经济发展的路子。有的地方之所以出现水资源危机，是工业大举“入侵”造成水耗激增、污染日剧。鄱阳湖地区尽管目前水资源尚未受到工业影响，但农村生活水源遭污染事件时有发生。有的地方提出“工业兴县”，给水资源管理带来了挑战。因此，当地各级领导要将科学发展观真正落到实处，就应将高耗能、高耗水、高污染的企业拒之门外，既要金山银山，又要绿水青山，使经济发展与资源保护相得益彰。

陈荣彩 徐巧虹 江西省鄱阳县国税局

警醒湖泊消亡

大家都知道，水是生命之源，可是生活中，水照样被大量浪费、污染。据《中国经济导报》报道，我国每年有 20 个天然湖泊消亡，50 年来已经减少了约 1000 个内陆湖泊。水危机敲响的警钟似乎还没引起人们的觉醒，很多地方浪费、污染一切照旧。

湖泊的消亡很大程度上与近年来一些地区过分开采地下水和大量污染有关。一些地区由于广泛招商引资，不管是不是环保项目，不管能耗有多高，只要有项目进来，就优惠落户。因此，将大量耗水多、污染大的“狼”引进来，一边大量用水，一边大量污染，这样下去湖泊能不消亡吗？还有一些地区，只注重发展经济，却不注重环保，将大量的工业污水排放到湖泊之中，有的地方因水污染造成当地粮食颗粒不收，甚至有一个村家家都有患癌症的病人。

应该说，污染和过量开采地下水以及大规模破坏生态平衡是导致湖泊、河流干枯的主要原因。如果照这样下去，用不了几年，我国许多地区靠湖泊、河流生存的历史将会结束。这不是危言耸听，而是真切摆在我们面前的一个事实。因此，国家要把水危机作为一项关乎国家安危的战略问题，抓好水资源的管理、治理，不能再让湖泊、河流干枯下去了。要通过科学的制度来预防水系受到破坏，而不是敲一下警钟就完事儿。同时，要发展循环经济，大力倡导建设节约型社会，让水真正干净起来，造福人类。

何仁军　无锡市一市民

在西北，只要有水，就什么都有了

提起节约用水的意义，地球人都知道。

生活在北京的我们，缺少了水，生活将一团糟。但对于水的理解，可能也只是肤浅到这种程度。对于节约用水的动力，可能很多人都是循着经济杠杆在走：节约几吨水，就能减少一点生活开支。

但在西北，水的意义就不再这么简单。在西北广袤的土地上，水就意味着生机，如果没有水，这里就是寸草不生的荒漠，而一旦有了水，城市、农田、绿树，一切就都有了。

这种感觉，从在兰州走下飞机，直到走入新疆，一直伴随着我。从兰州机场到市区，将近一个小时的车程，透过车窗望去，一片又一片蔓延的黄色刺得人眼睛发酸。这个季节，在南方，或者说在北京，也应该已经是绿树成荫。而在这里，道路两旁却仅有星星绿色在柔弱地晃动。因为蒸发量大降雨量小，这仅有的一点绿色也是耗费巨资花了大量时间反复种植才保留下来的。

这种感觉，来到了新疆变得更强烈了。由于有了前面的铺垫，到达石河子市之前，我以为那只是另一个干旱缺水的城市，因为历史上，这里本就是一片寸草不生的戈壁滩。然而当真实的石河子市出现在面前的时候，我们一行所有人都惊叹不已：这里到处都是花团锦簇、郁郁葱葱。据介绍，这座古尔班通古特大沙漠边缘的城市，竟然有300余万株绿树，绿化覆盖率达到41%，并获得联合国“人居环境改善良好范例城市”的称号。而在解放前，这里只是一个只有几十人的小镇，到处是荒地。从荒漠小镇到花园城市，当年兵团战士从天山引来的雪水功不可没。

正是由于缺水，老塔里木河上的一个村子“英苏”最终人去村空。当我们双脚踏上塔里木河的老河道，那已经是沙漠的土地仿佛还在诉说着这个村子过去的美好：这里的村民曾经靠捕鱼为生。

当我们顺着塔里木河考察时，不需要问，只要看看沿途植被的变化就能知道，哪里有水，哪里缺水。

水，对西北地区来说就意味着生存。因为在西北地区，农业用水占了整个用水量的绝大比例，新疆的农业用水更是占到了整个用水量的94%。

为了生存，这里的人们开始琢磨怎么才能更好地利用水资源。1996年开始实验的膜下滴灌技术得到了广泛应用，只用过去一半的用水就能取得更好的经济效益。这种技术，就是通过管道，把每一滴水都渗透到农作物的根部，每一滴都不能浪费。

兰州市内一座名为“黄河母亲”的雕像让人记忆深刻，没有到过西北地区的人们可能不会理解为什么把黄河比做母亲，这不仅仅是因为中华文明发源于黄河，更是因为黄河水给了整个流域的人们以生机。

我想，这个比喻对其他地方来说一样形象——水就是母亲。

李松涛 中国青年报记者

节水后这样的行为——黄河说“不”

2006年5月25日，“节水中国行”西北组启程。走过内蒙古和宁夏后，感触最深的是黄河太伟大，对这条母亲河我们再不能“肆无忌惮”了。

“节水”，农业节水，在这些地方可谓是深入人心，所到之处都在大兴水渠衬砌，有了衬砌，水流得快，节省时间；减少了渗漏，水省了。为增加节水灌溉的建设资金，这些地方的“水权转换”也搞得如火如荼，鄂尔多斯的黄河南岸自流灌区，自1999年以来，国家给的水利资金总计不过2950万元，可是2005年，他们通过水权转换用2.4亿立方米的水就换来了6.5亿元的农业节水灌溉改造资金。农民管水协会在这些地方也如雨后春笋般成长着，带来的效果很显见——人为的“跑冒滴漏”现象没有了。节水带来的喜悦挂在农民和干部的脸上。

不过，记者从“一派大好”中发现个问题，那就是，农业节水后的行为规范。

宁夏平罗县的姚伏镇。2005年该镇组建了农民用水者协会，下设18

个分会。镇协会会长吴福财说，协会成立后，管理有序了，水省多了，过去全镇6.7万亩地用的水，可浇现在的8.3万亩地。账不难算，节水后该镇扩大耕地面积1.6万亩。据介绍，目前宁夏全区农民共自发组建“农民用水者协会”905家，控制灌溉面积500万亩，占黄河灌区灌溉面积的83%以上。多的不说，如果有10个姚伏镇将节省下的水用于扩大灌溉面积，那就是16万亩，这16万亩就说种小麦，按1亩地400立方米水计算，耗水是6400万立方米水，产出效益是6400万。如果从农民个人和地方利益算算小账，还是偷着乐！

可是，大账一算，就难高兴得起来了。内蒙古、宁夏属中国最不发达地区，谁都明白要想靠这里传统的农业走入“发达”不可能。宁夏宁东能源重化工基地供水工程供水公司的经理杨国告诉记者，农业1立方米水的产出是1元，他这里供给工业1立方米水，产出是58元。水资源优化配置的重要性突显出来。

可问题是，从某种意义上说，“水”就是农民手中的一笔财富。尤其在这缺水的地区。而他们只能通过扩大灌溉面积，将这“财富”转化成现金。而这“微薄”现金的成本有多大，远远不是杨经理告诉我们的1：58的倍数，其中应包括，国家为农业节水投入的各项成本！

我们从近年来退耕还林还草的政策中还可得到启发，政府可为工业和农业用水的转换搭建桥梁，让工业用水既能承受、又有利于农民的价格，将农民节省下来的水买下发展工业。在内蒙古和宁夏这样的地方，如此“闲置耕地”无论从经济和生态的角度看都是一种科学的选择。这也是作为黄河儿女对母亲河爱护的选择！

作为农民，节水绝不是他主观愿望所为，是政府引导的结果。同样，农业灌溉节省下来的水的再利用也应当靠政府的正确引导。这是个不争的事实。

黄河的年平均流量仅为500多亿立方米，而且每年还要留出200多亿立方米冲沙，剩下的300多亿立方米水，供沿黄河的各个省份分享，如何科学用好这些水，不仅关系到各省的社会和经济的平衡发展，也是黄河这条母亲河可持续发展的基础。

毛小瑞 农民日报记者

节水，不仅是人们的自觉行为

曾清楚地看到一个村庄是怎样一步步地富裕起来，而水却一步步被浪费和污染。村子里有很多小作坊，用了大量的水，然后又把这些用完的被严重污染的水直接排到村子的池塘里。几年下来，村子里的地下水全被污染了，从井里打上来的水都泛着黄色的沫子，连衣服都不能洗，整个村子喝的都是买来的桶装水。没有谁来管这个村子的水资源的浪费和污染问题，靠的只是人们的自觉，可是人们的理性往往达不到我们预期的程度。

目前，我们很多地方的农民盼望农作物成长的时候能多下点雨，可是同时又有太多的人在肆意挥霍水资源，在水多的时候没有节制地用大水漫灌的方式灌溉农田，而在没有水的时候，只有望田兴叹，听天由命，却不曾联合起来用先进的滴灌技术来彻底解决靠天吃饭的局面。

仔细想想，要中国的农民真正自发联合起来其实是一件非常困难的事情。在用水这件事上，农民的利益是分散的，也极少有人把眼光放得那么远，想到长久的用水问题，想到整个国家的用水问题。或许有些人也会想到，但是只靠少数人的努力是很难完成的。比如滴灌，农民也知道它的好处，省水、省时、省力，肥随水动，还可以增加亩收入，可是前期的投入就是个很大的问题，农民会觉得不合算，风险太大。再如，当汩汩的流水从田间地头走过的时候，农民的第一反应就是把自家的田地喂饱，很少会有人想到应该适度用水，把水节约下来留给下游的农田，用于下游的生态，因为这些与他们干涸的土地比起来显得太遥远了，在他们的眼里，首先看到的是自己的土地，是能打多少粮食，能换回多少收益，至于下游因此而产生的干涸的河道、濒危的生物，一时间很难让他们有所触动。所以要真正做到节水，做到全国性的节水，靠人们的自觉远远不够，我们必须把农民的利益从整体上进行整合，要有一个规划，实行统一调度。

当然，有了统一的规划和调度还并不能保证把节水真正融入人们的日常行为当中。农业用水也是这样，现在很多地方在农业上实行阶梯水价，

定量管理，经过大量的调查研究后确定每亩地配给多少水，超出规定的水必须以高出平常的价钱购买，超出越多，价格越高，结果证明效果很明显。以经济杠杆来调节水的节约往往要比靠人们的自觉性更有成效和更具稳定性。

我们不能到了像以色列那样缺水的程度才去唤醒大众的节水意识，我们也不能在环境已经恶化到异常严重的程度才去坚定人们节水的决心。或者我们在宣传节水的时候不需要做很多广告，也不需要让人们到那些连水都喝不上的地方看看，身临其境地接受一下视觉的冲击。我们需要的是在整体上实行制度的强制性规定，统一规划、布局、调度水资源；充分运用经济杠杆的调节作用，从而使水的利用具有长久性、稳定性和可持续性。

张凤云 农民日报记者

节水，世纪之忧

2006 年 5 月 21 日下午 3 点刚从三峡大坝建设工地回京，下午 5 点领导就打电话让我参加 22 日“节水中国行”的报道，这一周所见所闻都是与水有关联的事，一路心情沉重。

去三峡时带了 4 位新闻系实习生，他们都是北方人，从没去过南方，进入湖北地界，看到水清山绿，一路兴奋地赞叹：南方真好，处处有水！一位甘肃同学说，家乡两年不落一滴雨，许多家庭颗粒无收，不得不全村迁徙。田野里一片片荷花令他惊讶，问：“这里为什么种植观赏性植物？”他不知这是水域地区的经济作物，来北京之前，他最远到过兰州，从不知莲藕能吃。

我的“节水中国行”采访可称逆水而上，第一站北京之行，先了解一下水的去处。温榆河——这条唯一发源于北京的内河，上溯可至汉代漕运，历史悠久，文化灿烂，但如今已沦为跨昌平、通州等四区，长达 47 公里的污水沟，看到有关部门正全力治污，高兴！但离 2008 年奥运会仅有不到两年的时间，这条河现在的治污进度和力度又让人不禁担忧！

海河枯竭，有“九河下梢”之称的天津人民正用他们的精明仔细节省每一滴水。天津自开埠以来就缺淡水，100 多年以来水就是金贵的资源，节水意识已深入骨髓，对水资源管理的细节落实也已深入到政府管理层面。目前，我国有 100 多座城市严重缺水，天津的做法当称翘楚。

河北缺水，人们记得最清楚的是有“华北之肾”称号的白洋淀近年不断有干淀、死鱼的惊人照片曝光。亲自到了白洋淀，看到游船荡漾曲水之上，水鸟鸣唱，芦苇草长，又生出些许安慰，但白洋淀水是从千里之外的河流引入，引水费用也从每立方米 0.02 元涨到每立方米 0.9 元，金子价呀！

农业大省河北有着产粮重任，由于地表缺水，正是小麦灌浆时节，急须水。河北省下游水源被截、又得不到上游充足的补给，不得已超额开采地下水，用于工业建设、灌溉乃至人居生活。看着心痛！地下水是祖宗留给后人的救命水，只能救急，不能长用，我们正在快速消耗后代的资源，眼前的收成带来的将是巨亏，寅吃卯粮，心惊肉跳！

雨水一路陪伴，在邯郸看到宾馆排水管道送出的一年积污逐渐变清，想到在极度缺水山区，人们一生只洗两三次澡，饮用不安全的水导致的癌症等绝症使许多生命饱受痛苦。

在山东滨州，自来水已经通到村口，接入每家每户，让农民们也能喝上清洁卫生的自来水，造福于民的大恩呀！大恩大德即指引水、办学、治病救人，从大禹治水始，人民从不忘记那些为民造福的人。

用水的权利，如同出生、教育与卫生一样，是人的天赋权利。对有限的水资源能否公平分配，是一个严肃的足以影响社会稳定的问题。节水，是不得已而为之的最乐观、最积极的缓解现状的手段。水是生命之源，有限的水源正在萎缩，每个人都有责任去保护我们的生命之源。

陶映荃　工人日报记者

节水，永恒的主题

黄河是中华民族的母亲河，塔里木河是新疆的母亲河……

这些表述，对于出生在南方的我，以前仅是一个概念，但走入西北，经历 10 多天的“节水中国行”采访，却让这个概念迅速地具体形象起来。

西北，有河流经过，就会有绿色、就会有农业、就会有城市，诗意点儿说，就会让这里充满生机。

形成强烈反差的，是在没有河流的地方，只有荒漠、戈壁或沙漠。母亲河，在某种程度上说，意味着生存的希望。不到西北，永远也无法真切地体会到，节水，对于整个国家的发展，有着多么重要的意义。

在采访新疆维吾尔自治区水利厅厅长王世江时，他非常认真地说：“新疆的水利工作，节水，是一个永恒的主题。”其实，对整个西北

而言，何尝不是如此？

整个西北，蒸发量基本超过降水量，有的地方，蒸发量甚至是降水量的百倍以上。有一条河流经过，就是当地农业、工业、居民生活用水的全部希望。如果没有水管部门的统一规划，这“全部希望”，可能到最后，是集体“失望”。我想，这就是政府部门所倡导的节水意义。

在西北，我真正体会到，那里的人们，在思考着，如何将一份水，掰成几份用。这是一种智慧，但这种智慧的形成，除了客观使然，与水管部门的引导，也有着直接的关系。因为，曾几何时，西北也有不计成本的大水漫灌，也有塔里木河下游的长期断流……

但现在，水管部门通过实施定额用水、水费累进加价等多项措施，让人们明白：用水时，心里如果没有本明白账，成本就会增加，自己的收益也没法得到保障。运用宏观调控和经济杠杆，让人们节水意识得到提高，其中，无不体现出政府执政的艺术。在取得成绩的同时，水利部门依然在理性地关注目前中国水资源存在的问题。在内蒙古自治区鄂尔多斯市举行的2006年全国水资源工作会议上，水利部副部长胡四一并未讳言：“400余座城市供水不足，较为严重缺水的有110座。2000年、2004年都发生了大面积干旱，致使许多城市用水紧张，工农业生产受到很大影响。”

“在部分流域和地区，水污染已从江河支流向干流延伸、从地表向地下渗透、从陆域向海域发展、从城市向农村蔓延、从东部向西部扩展。”

“全国以城市和农村井灌区为中心形成的地下水超采区数量，已从20世纪80年代初的56个发展到目前的164个，超采面积从8.7万平方公里扩展到18万平方公里。我国用水效率和效益不高，与世界平均水平相比还有较大差距。”

看到这些表述，人们不难发现，节水，中国还有很大的潜力可以挖掘。

王长路　中国妇女报记者

节水，制度是重要保证

作为一名科技记者，在2006年5月下旬随“节水中国行”记者团华北组采访的初期，我关注的主要是技术在节水中的作用，我如愿以偿。无论是北京温榆河的治理，还是非常规水资源为天津“解渴”，先进技术都不可或缺。但随着采访的深入，我发现，比技术更重要的是制度，也多少理解了水利部部长汪恕诚那句话的深刻含义：节水型社会建设的核心是制度建设，形成节水机制。在这些天马不停蹄的采访中，给我印象最深的是河北省白洋淀。

2006年5月25日，记者团和淅淅沥沥的小雨一起来到了有着“华北之肾”美誉的白洋淀。水不是很清澈，但也不是想象中的混浊，不多的当地百姓在芦苇荡中忙着自己的生计，整个水面看上去恬静、温馨，两个月前因来水污染导致的大面积死鱼之痛似乎正在被淡忘。但是，白洋淀所在的安新

县副县长刘春林告诉记者，白洋淀每年都面临着干淀的危险。上游排入的污水等于是雪上加霜，使本来就缺水的白洋淀的生态与环境进一步恶化。刘春林说，因为雨量小，1988 年以后白洋淀就没有过大的来水，再加上浅碟形的地貌特征，年蒸发量在 1 亿立方米左右，从 1988 年至今已经补水 14 次。他希望能够建立长效的补水机制，解白洋淀之困。对于刘春林的建议，河北省水利厅厅长韩乃义表示赞同，但他同时指出，治污必须和调水同步，否则白洋淀缺水的问题很难从根本上解决。据韩乃义介绍，白洋淀是河北水利部门的一个沉重包袱，省内基本无水可补，而从黄河调水成本又太高。

看来，白洋淀的“死结”就在于污水和缺水两方面的相互纠缠，政府官员的政绩观不从以经济建设为中心转向绿色 GDP，仅靠补水根本无法使白洋淀走出干淀和污染的恶性循环。水利部汪恕诚部长不久前谈到节水型社会建设应当注意的问题时曾指出，要把节水与治污结合起来。在研究水的使用时，必须同时研究水的排放。在发放取水许可证的同时，必须研究和认定排水的许可。但是，从白洋淀的问题中，我们发现这方面的工作还相对滞后。任何好技术的应用，都需要良好的制度保障。

此次采访，记者团到得最多的地方就是农村的用水者协会。不论是北京、

天津还是河北，都建立了各具特色的农民用水者协会，通过建立总量控制、节奖超罚、协会自治、市场激励、群众参与等有效措施，当然也包括一系列高新技术手段的应用，节水率多在30%以上。而在天津财经大学采访时，记者团了解到，该校每个学生都有一张用水IC卡，打水、洗澡均需刷卡，使大学这个用水大户成了节水模范。临行前，学校副校长对天津市水利局有关负责人说："可千万不要鞭打快牛，别削减我们的用水指标。"当水利局的同志告诉他，天津市正在开展水权交易的试点时，他显得很高兴。这在某种程度上表明了用水者对节水制度创新的渴望与期盼。

罗晖 科技日报记者

经济发展要有水资源承载能力观念

尽管水资源缺乏越来越受到大家的关注和重视，但长期以来我们对水资源承载能力问题却认识不足。水利部汪恕诚部长在中宣部等六部委联合举行的形势报告会上明确指出，衡量人与自然和谐有两个重要指标，即两个承载能力：一是资源承载能力，二是环境承载能力。资源承载能力主要包括：水资源、土地资源、能源资源。环境承载能力主要包括：水环境、大气环境和生态。适应和提高资源承载力，要靠建设资源节约型社会。适应和提高环境承载力，要靠建设环境友好型社会。在这两个承载能力中，水资源都是首要因素。

日益严重的水资源瓶颈制约警示我们：建立节水型社会已经刻不容缓。节水型社会建设是我国节约型社会建设的重要组成部分，是解决我国干旱缺水问题最根本、最有效的战略措施，是全面建设小康社会的重要支撑工程，事关我国经济社会的可持续发展，具有极端重要性和紧迫性。

经济社会发展在水资源承载能力以内，就能实现可持续发展。反之，发展就会失去物质基础，造成生态系统的破坏。这是记者随同“节水中国行”中央新闻采访团在西北、华北地区采访中最深刻的体会。

“量水而行，以水定发展”，简单一句话，却意味深远。从 2002 年起，在水利部的安排下，黑河中游的张掖市大力推进节水型社会试点建设工作。在这项试点中，张掖率先展开水资源承载能力调查，并以此为基础，对工业、农业以及生活用水实行总量控制，并对单位产品、单位面积和农村饮水实行定额管理。同时加大经济结构调整力度，大力维修农田水利配套设施，全面推行节水措施，取得了明显的节水成效，不但保证了全市经济的持续发展，还使黑河重现滚滚波涛，东、西居延海也再现碧波荡漾。

建设节水型社会，这既是对传统水利观念的最大挑战，也是促进经济增长方式转变的一项根本措施。采访中记者了解到，内蒙古自治区黄河南岸灌区针对沿黄工业项目缺水和农业自流灌区节水潜力大的现状，引导水资源从效益较低的农业向工业转移，实现了水资源的优化配置。严重缺水的天津市多年来也一直坚持节水与经济产业结构调整同步实施，促进水资源由用水效率低的产业向用水效率高的产业流动。对造纸、印染等一大批高耗水企业，进行压缩、淘汰和并转；对用水效率高的企业，在嫁接改造、资金投入和水资源分配等政策上给予倾斜，近几年全市投入1.1亿元，完成节水技术改造200多项，节水50%。目前，天津已形成以电子信息、汽车等六大优势产业为支柱的节水型工业产业结构，耗水量大的产业占经济结构比例大幅度下降。

历经这次大型采访活动，记者还深切感受到，节水型社会建设是一项开创性工作，是一项长期而艰巨的任务，不可能一蹴而就，需要因地制宜，大胆探索，不断总结经验，加强交流，进行长期不懈的努力。特别值得一提的是，节水型社会建设涉及不同地区、不同行业、不同产业、不同用户，涉及人口资源环境的协调发展，涉及千家万户的根本利益，政府重视是关键，需要政府强有力的领导，需要各部门的密切协作，需要全社会的共同行动。在政府主导下推进的同时，无论是缺水地区，还是丰水地区，都要建设节水型社会，同时还要注意把节水与治污结合起来。

姚润丰 新华社记者

除了节水，我们别无选择

我们看到，一些地区对节水工作的重要性、紧迫性缺乏清醒的认识，不顾自身的水资源条件，盲目发展高耗水、高污染项目；一些缺水城市也热衷于建设大草坪、水景观；有的城市甚至认为开展节水活动会影响投资环境，把低水价作为招商引资的优惠条件；有些水资源相对丰富的地区，没有充分重视节水问题，缺乏居安思危的意识。

节水需要公众的参与，而这种参与更重要的是要改变自己的思维方式，树立可持续发展的观点，进而运用符合可持续发展的理念去改变自己的行为方式。

大众意识的提高是推进节水型社会建设的重要一环。在这方面水利工作者的任务重大，因为水利工作者深知国家水资源的现状，有条件、有能力用自己的行动去影响和推进节水的深入，去感染周边的人。

另外，我们必须认识到节水型社会建设是一项涉及全社会的综合性系

统工程，也是全面建设小康社会的重要支撑工程，因此必须把水的问题放在整个经济社会发展的全局中进行统筹考虑。这就要求我们水利工作者要开阔眼光，把我们的眼光放大到通过节水型社会建设，把节水工作贯穿于国民经济建设和全体公民生产生活的全过程，提高水资源的利用效率和效益，改善生态与环境，增强可持续发展理念，实现人与水和谐相处，促进经济社会环境协调发展，从而推动整个社会走上生产发展、生态良好的文明发展的道路。

建立节水型社会是一场深刻的社会变革，核心是建立有效的制度安排。涉及每一个人是节水意识和观念的全面树立、节水行动的全面展开。我们的时代最紧要的并不是缺少什么先进的节水和治污技术，而是缺少更广大的、深入到每一个公民的实际行动。面对现状，对于我们社会大众来说：除了行动起来去节水，我们别无选择。

刘艳飞　中国水利报记者

节水需要你我共同参与

“节水中国行”归来，有个地名深深印入我的脑海，她叫英苏。

原本是紧依老塔里木河而建的新疆若羌县的一个村庄。据说，这里曾经水草丰美，满眼绿色，生机盎然，村民们甚至以捕鱼为生。而今，当记者一行身处此地时，英苏村已是人去楼空，眼前徒有断壁残垣、干涸的河床和步步紧逼的沙漠。英苏地名尚存而村已消失。

像这样因为水的盈缺而发生变化的情景绝不止一个英苏。在宁夏的中部干旱区有个喊叫水乡大滩川村，在这里，连续4年滴雨未见。村民们的生活用水要从30公里外的地方运回，每立方米水的成本达90元左右，水是商品的意识已经扎根于村民的脑海。在村民们的日常生活中如何节

约用水、实现水资源的高效利用，无需任何理论的支撑，村民们在实践中得以尽情演绎。村民们屋前的羊圈已是羊去圈空，村民们告诉记者，养羊是他们的重要经济来源，现在连续干旱，牧草枯死，村民们只好忍痛割爱，将羊卖掉。一方面是因为羊儿无草可食、无料可饲，另一方面也可减少农村用水。

这两个相距千里的村落，前者已经消失，后者也在商讨着是否搬迁及搬向何处，导致这种结果的共同原因便是水资源的紧缺。也正是因为走过看过这两个村庄，我对水有了更深的认识和理解。

水已成为当地国民经济发展的首要瓶颈，这是不争的事实。记者欣喜地看到，面对经济社会的快速发展、人口增长及水资源紧缺的实际，一个节约用水、提高水的利用效率和效益的行动正在各地悄然兴起。无论农村还是城市，机关还是企业，节水器具正在日益普及，节约用水的技术含量不断提高，推进高效用水的投入也在持续增长，节约用水的理念逐步为人们所接受。人们的节水意识日益增强并在日常生活中得以体现。

贾志成 中国水利报记者

节水警钟需时刻敲响

在天津采访时，天津市水利局水资源处的董国凤处长对我说，她永远都不会忘记小时候喝苦咸水的日子。引滦入津之前，天津几乎家家户户喝的都是又苦又咸的海河水，那种水喝在嘴里，实在难以下咽，“做面汤都不用搁盐”。那时候，家里不远处有一口压水井，压出的水很好喝，大家都涌到那里去打水，每打一壶，都要花很长的时间，因为需要排队。对打来的水，大家倍加珍惜，生怕撒漏半滴。

我不曾有过这种“水贵如油”的经历，很难真切地体会那段历史，但我从董处长的话语中能够感受到她心中这段难以忘却的记忆。现在，有了引滦入津、引黄济津，天津人民不再为喝苦咸水而感到烦恼，但是天津依然在经历着严重的缺水困扰。缺水怎么办？这些年，天津始终把节水作为一项长期战略长抓不懈，不断推出节水新措施，提高市民的节水意识。如今，社会上已经形成了珍惜水、节约水、保护水的良好氛围，这是令管理着这座城市节水工作的董处长非常欣慰的。她说，现在许多天津市民都是主动自愿地节水，这其中有水价上涨的因素，但

更多的是因为大家了解了天津缺水的现状，意识到了水作为一种资源对于天津人民的宝贵，绝不能随意浪费。

参加"节水中国行"给我留下深刻印象的还有山东莱芜钢铁集团。作为特大型企业，莱钢把节水放在了关乎企业发展的战略高度。2001—2005年，莱钢集团钢产量从244.9万吨增加到1033.6万吨，是原来的4.22倍，而同期吨钢耗新水量则从7.49立方米每吨减少到3.5立方米每吨，下降了53.27%，居于国内领先地位。下一步，莱钢还将继续压减用水指标，向国际上最先进的水平靠近。当然，莱钢为这些是花了大价钱的。2002年至今，莱钢共建设了63个节水项目，总投资达到4.03亿元。为何在节水上舍得如此投入？莱钢集团公司副总经理赵胜生对记者们直言不讳："实际上水费并不是我们成本中的最大支出，水费我们也出得起，但水和其他商品不同，它的价值并不完全表现在价格上。水是钢铁企业的重要生产资料，我们又地处缺水山区，如果水用完了，那是无论花多少钱都买不回来的，我们的企业也就难以为继了。所以，节水是我们唯一的出路。"

李坤　中国水利报记者

知识链接

生命产生于水

我们生活的地球大约有 46 亿年历史。大约 10 亿年前，地球上出现了最原始的单细胞动物。大约 5.1 亿～ 5.7 亿年前，在地球的海洋中出现了各门类的多细胞动物。大约 3.6 亿～ 4 亿年前的泥盆纪，出现了鱼这种脊椎动物。鱼类进一步进化，出现了两栖动物，可以从水中爬上陆地，但还要到水中产卵，在水中度过童年。爬行动物出现后，由于各方面的生理机能完全适应了陆地生活，其发育生长过程开始摆脱对水体环境的依赖。在经历了哺乳动物、古猿的进化后，最终产生了人类。

人是水做的

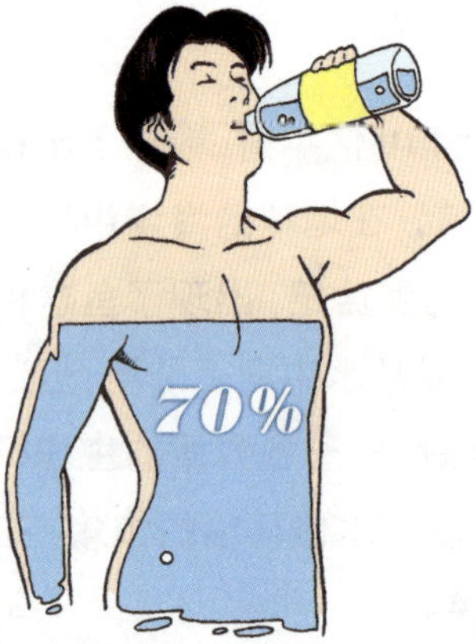

水是生命的基础。人体内的水分，大约占到体重的70%。其中，脑髓含水75%，血液含水83%，肌肉含水76%，连坚硬的骨骼里也含水22%。没有水，食物中的养料不能被吸收，废物不能排出体外，药物不能到达起作用的部位。人体一旦缺水，后果是很严重的。缺水1%～2%，人感到渴；缺水5%，口干舌燥，皮肤起皱，意识不清，甚至出现幻视；缺水15%，往往甚于饥饿。没有食物，人可以活较长时间（有人估计为两个月），如果连水也没有，顶多能活一周左右。

植物的含水率极高

一般情况下，植物植株的含水率为60%～80%，蔬菜和块根作物的含水率在90%～95%以上。人们日常生活中经常消费的黄瓜、白菜、萝卜等蔬菜的水分含量一般都在70%以上，西红柿的含水率高达95%，可消暑解渴的西瓜，含水率高达97%。

只有0.3%是淡水

地球上的水资源即淡水资源是有限的。虽然地球表面70%被水体所覆盖，但是水体中的97.5%为海水，在仅有的2.5%的淡水资源中，又有75%冻结于高山冰川和南北两极的冰盖内，剩余的又大部分埋藏于人类无法利用的深层地下含水层中，人类可利用的淡水资源只占地球总水量的0.3%，而存在于江河湖泊中的水则更少——只有23.12万立方千米。

声音

国家厉行节约用水，大力推行节约用水措施，推广节约用水新技术、新工艺，发展节水型工业、农业和服务业，建立节水型社会。

——2002年修订施行的《中华人民共和国水法》

21世纪是水的世纪

1999年3月18日联合国发出警告，随着人类生产的发展和人民生活水平的提高，世界用水量以每年5%的速度递增，每15年用水总量翻一番，按此下去，在2025年地球上将有一半以上的人口面临淡水资源危机，1/3以上的人口得不到清洁的饮用水。

目前全世界工业、农业和家庭用水分别占全球总用水量的22%、70%和8%；在高收入国家分别占59%、30%和11%；在低收入国家分别占10%、82%和8%。尽管一些国家采取了不少节水、增加水源的措施，但日益突出、尖锐的用水问题和矛盾并没有得到解决，特别是在北非、中东及中亚，用水紧张正在威胁着这些地区的安全，并已经到了逼着联合国从中斡旋，以防止战争爆发的地步。

有专家和学者指出，如果说19世纪是煤的世纪，20世纪是油的世纪，那么21世纪就是水的世纪。水将成为21世纪的战略性资源，未来的战争可能因争夺水资源而引发。

我国有多少水

据水资源调查评价，全国多年平均河川径流量为27115亿立方米，多年平均地下水资源量为8288亿立方米，两者重复计量水量为7279亿立方米，扣除重复水量后，全国多年平均年水资源总量为28124亿立方米。

哪些国家最缺水

在世界上最缺水的国家中，马耳他年人均可用水量只有82立方米，其缺水程度位居缺水国家之首。

而以联合国的假设为基础的人口预测来看，到2050年，利比亚将位居缺水国家之首，年人均可用水量仅有31立方米。

除此以外，最缺水的国家还有卡塔尔、科威特、巴林、新加坡、巴巴多斯、沙特阿拉伯、约旦、也门、以色列、突尼斯、阿尔及利亚、布隆迪、佛得角、阿曼、阿拉伯联合酋长国、埃及、肯尼亚和摩洛哥。

声音

要积极建设节水型社会。要把节水作为一项必须长期坚持的战略方针，把节水工作贯穿于国民经济发展和群众生产生活的全过程。

——胡锦涛（2004 年，在中央人口资源环境工作座谈会上的讲话）

3 月 22 日是“世界水日”

为了缓解世界范围内的水资源供需矛盾，根据联合国《21 世纪议程》第 18 章有关水资源保护、开发、管理的原则，1993 年 1 月 18 日，联合国第 47 次大会决定从 1993 年开始，确定每年的 3 月 22 日为“世界水日”，号召世界各国对全球普遍存在的水资源紧缺和水污染严重问题引起警觉，并开展相应活动，以提高公众的水危机意识，促进水资源的可持续利用。

声音

全面推进节水型社会建设，大力提高水资源利用效率。开展节约用水宣传教育，增强全民节水意识。

——温家宝（2004 年，在中央人口资源环境工作座谈会上的讲话）

1988 年《中华人民共和国水法》颁布后，水利部即确定每年的 7 月 1—7 日为“中国水周”，考虑到“世界水日”与“中国水周”的主旨和内容基本相同，故从 1994 年开始，把“中国水周”的时间改为每年的 3 月 22—28 日，使宣传活动更加突出“世界水日”的主题。

我国的节水标志

我们国家有自己的节水标志。

“国家节水标志”由水滴、人手和地球变形而成。绿色的圆形代表地球，象征节约用水是保护地球生态的重要措施。标志留白部分像一只手托起一滴水，手是拼音字母 JS 的变形，寓意节水，表示节水需要公众参与，鼓励人们从我做起，人人动手节约每一滴水；手又像一条蜿蜒的河流，象征滴水汇成江河。

国家节水标志

此标志从 2000 年开始正式作为我国国家节水标志使用。

第二章：农业节水潜力最大

在我国，第一用水大户是农业，而节水潜力最大的也是农业。

2005 年，我国用水总量 5633 亿立方米，农业用水量占到全国总用水量的 63.6%。如果灌溉水利用率提高 10%，同时灌溉水生产率也提高 10%，那节约的灌溉用水量将相当可观。

然而，目前我国很多地区仍采取传统的大水漫灌方式，农业节水灌溉面积占有效灌溉面积的 35%，灌溉水有效利用系数仅为 0.45 左右，而一些发达国家，节水灌溉面积比例达到了 80%，灌溉水有效利用系数在 0.7 ~ 0.8。

农业节水不仅是技术问题，也是社会和经济问题。社会经济的发展，人口的增多，对水资源的利用正在迅速增长。如果说 21 世纪人类将面临石油、煤炭枯竭的危机，那么水资源的危机更是不容忽视。尤其对于处在干旱、半干旱地区的大半个中国，农业节水是实现可持续发展需要解决的重大问题。

背景

农业用去我国六成多的水

我们知道，农业是我国国民经济的基础产业，也是传统的用水大户，农业用水的主要方式是农田灌溉。

从一组比较数字来看，我国人均拥有水资源量只有 2200 立方米，是世界人均的 1/3；耕地亩均水资源占有量仅 1400 立方米，是世界平均水平的 1/2。2005 年，我国用水总量 5633 亿立方米，其中农业用水占到 63.6%，而发达国家农业用水比例一般在 50%以下。

水资源缺乏，一直是制约我国经济社会发展的重要因素之一。但不能回避的是，长期以来我国存在着水资源利用方式粗放、用水效率不高、用水浪费严重的现象。农业是用水大户，农业用水效率提高一个百分点，就能起到大效应。

农业节水的意义不仅在于省出水来，更重要的在于对促进整个国民经济发展、资源可持续利用的

重要意义。

20世纪90年代中期以来，农业节水越来越受到全社会的重视。随着我国经济建设的发展，节水灌溉技术的应用，农业用水比重一直呈递减趋势，由1949年的97%逐步下降到2005年的63.6%。未来我国农业用水将基本实现零增长，随着总用水量的增加，农业用水比重将进一步下降。

中国农作物在“大吃大喝”

1立方米水从河流湖泊进入田间，只剩下0.45立方米，另一大半则在输水途中或者渗漏或者蒸发而得不到有效利用，这便是目前我国农业灌溉用水的整体利用情形。

我国农业灌溉用水的有效利用率较低，只有45%，而发达国家为80%左右。大水漫灌这种粗放型生产模式，让水白白地流走了，中国农作物“大吃大喝”似乎已经成为习惯。一个典型的例子是：北京在农业上的用水比以色列多好几倍，而以色列的农业产值是我们的好几倍。

我国目前灌溉面积已达8.38亿亩，居世界首位，但灌溉水利用率很低，现在我国每立方米水生产粮食不足1公斤，不到发达国家的一半。

在水资源相对贫乏的我国，随着社会经济持续稳定的发展，城市化进程的不断加快，工业用水和生活用水将会出现大幅上升，在总量有限的条件下，农业用水势必减少，从这个意义上说，农业水资源将出现负增长。农业大水漫灌的现象必须要改变。

大水漫灌原因多多

目前，我国节水灌溉面积只占有效灌溉面积的1/3，其中渠道防渗和管道输水灌溉等方式仍占主导地位，而喷灌和微灌等高效节水灌溉方式仅占有效灌溉面积的2.8%左右，与发达国家相比还有很大差距。在我国农村，大水漫灌这种落后的方式一直存在，原因有很多。

其一，节水灌溉方面的政策、法规和规章制度建设相对滞后，农业灌溉用水管理体制不适应市场机制的要求。特别是如何用经济政策鼓励和调动农民的节水积极性，以及对粗放用水应实施怎样的约束机制研究得还很不够。

其二，现在依然是多部门管理水，这使得一些问题很难做到协调和统筹。

其三，灌溉水价偏低，也是一个重要原因。目前，农业灌溉水价只有成本的1/3，国有灌区的灌溉水价平均每立方米只有2分多钱，水价偏低既不能发挥价格杠杆的作用，也不利于节水灌溉的普及推广。

其四，喷灌和滴灌投入大。以滴灌为例，一亩地要花上500元，可回收的部分占100元，毛管级滴灌属一次性，主管要1万元，支管每亩要花1000元，而且只能用上3年。这样的投入，在目前的中国农村显然会面临困难。

其五，农民自觉节水的意识不高，大水漫灌式的灌溉方式是农民祖祖辈辈传承的习惯，要一下子改变也是不容易的。

指标	中国	先进国家
单方灌溉水粮食产量	约1公斤	2.5～3公斤
灌溉水有效利用系数	0.45	0.7～0.8
节水灌溉面积/灌溉面积	35%	80%

农业用水将面对人口高峰

据预测，到2030年，我国人口将达到15亿，对粮食的需求量将增长到6.4亿～7.2亿吨。

我国是一个人口多、耕地少、水旱灾害频繁、水资源短缺的农业大国，人口占到世界人口的22%，人口密度是世界平均的3倍，而耕地面积只占世界总量的9%，人均耕地为世界人均的1/3，人均水资源量仅占世界人均的1/3。

由于人口持续增长和经济高速发展，工农业和人民生活用水将持续增加，将对农业用水构成严重的威胁，目前存在的水资源供求矛盾将会更趋激化。

由于人增、水减、地减，提高粮食生产能力，只能依靠提高有效灌溉面积比例、提高灌溉保证率，从而提高单产和复种指数，而所需水量只能通过节水解决。

俗话说："手中有粮，心里不慌"。粮食安全是构建和谐社会的重要基础。要在农业用水总量零增长的条件下实现国家粮食安全，必须走农业节水的道路。大力发展农业节水，是缓解农业和经济社会用水矛盾的根本途径。

据估算，如果科学地发展农业节水，到 2030 年，我国灌溉水的利用系数将达到 0.65，水分生产率将达到每立方米 1.5 公斤以上，加上 10 多亿亩旱地农业的增产潜力，基本可以保证我国未来粮食的安全，以安全度过 2030 年的人口高峰期。

大家谈

国家要制定长期的政策推进农业节水

农业节水要进行水资源的宏观管理和微观管理。

宏观管理主要是今后要搞以水权为中心的宏观水质、水量的总量控制。微观管理主要是定额检查、监控。今后随着城市化、工业化步伐的加快，城市和工业用水总量将进一步增长，必然要挤占农业水资源，但是不能挤占农业原有的水权，城市和工业要补贴农业一部分，这是值得尝试的事情。

农业灌溉用水的计量器具也要加强，否则节水按方收费不能落到实处。根据用水计量，根据标准定额进行的累进制水价体系以及超量用水的有效惩罚措施都配合起来，这样能够更加有效促进节水。今后对生产关系要作重要调整，形成生物节水措施、工程节水措施以及管理节水措施三管齐下的格局。

国家要制定长期的政策，建立灌溉节水投入的长期机制，用补贴的办法支持农业的可持续发展。

王浩　中国工程院院士

要建立适合我国国情的节水农业技术体系

我国的农业基本国情是地块零碎的一家一户土地承包制、农业发展不均衡、经济发展欠发达、地域广阔、农民掌握科技的整体素质不高等，节水农业技术体系的建立必须建立在这个基本的国情之上，只有适合我国农业基本国情，农业节水技术才能得以普遍推广，才能产生明显的效益。

目前适合我国的节水农业技术体系尚未建立起来，曾经“一刀切”式的

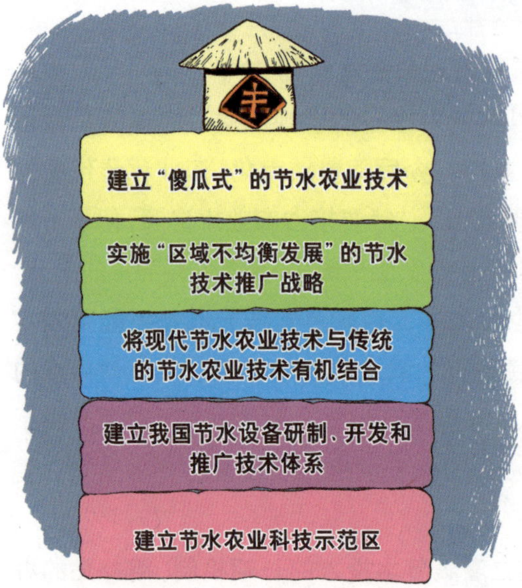

喷滴灌技术推广遇到了前所未有的阻力而未能成功。因此，为了建立适合我国国情的节水农业技术体系，需要开展以下几个方面工作：第一，建立“傻瓜式”的节水农业技术，傻瓜式的节水技术能够加快节水技术的推广，并不是降低节水技术的科技含量，而是增加了科技含量，“傻瓜相机”在民众中得以推广就是同一道理；第二，实施“区域不均衡发展”的节水技术推广战略，对于经济发展快的地区，可以以现代节水技术为目标推广高新技术，对于欠发达地区，以投资小、见效大的传统的节水技术为主体推广节水技术；第三，将现代节水农业技术与传统的节水农业技术有机结合，因地制宜，推广节水技术；第四，建立我国节水设备研制、开发和推广技术体系，成本低廉，实用性强，服务方便到位；第五，建立节水农业科技示范区。

根据区域性水资源特点，建立一批高标准节水农业科技示范区，因地制宜地采用成熟的综合配套技术，加快现有技术的组装配套和大面积的推广应用，为节水农业重大科技工程提供有效的技术支撑。

姜文来 中国农业科学院研究员

田间地头说节水

作为农业部种植业司的干部，我曾经到许多农区进行调研。一个迫切需要解决的问题是，农业用水十分紧缺。我国农业是用水大户，每年农业用水总量为3800亿～4000亿立方米，农业用水占全国用水总量的68%。在水资源紧缺的背景下，农业节水已经成为提高农业综合生产能力，实现可持续发展的重要现实手段和战略手段。

站在田间地头，我想，当前农业节水应该在旱作农业上做文章。

首先，要加强对现有节水农业技术的集成推广。经过多年的研究和试验，我们已经形成了水肥一体化技术、保护性耕作技术、冬小麦综合节水技术、经济植物篱保护技术、经济作物滴灌施肥技术等节水技术体系，要与我国农业发展的总体目标相结合，努力加大推广力度。同时，结合各地实际在推广中进一步开发，通过推广示范，不仅使农民掌握节水技术，节约用水，而且要使农民牢固树立节水观念和节水意识。

其次，要加强节水农业技术研究，努力做好基础性工作。要积极开展综合节水技术研究，从选育抗旱品种到研究保墒技术，从节水设备到节水技术，从农用保水剂到水肥调控技术，从自然降水的收集到农业水的再利用，在省水、保水和节水的各个领域开展研究工作，不断提高农业用水效率。同时，要加强农业节水的基础性工作，在重点区域建立农田土壤墒情

监测系统，完善不同作物需水参数，做好墒情和生产管理信息发布，指导农民合理灌溉和进行抗旱管理。

再次，要探索节水农业的长效机制。我国国民经济已进入城市支持农村、工业反哺农业的新阶段，要按照科学发展观的要求，不断探索发展节水型农业的长效机制。要采取多种形式，广泛开展节水农业宣传，不断强化节水意识。

李昌建 农业部种植业司副司长

新技术让稻田不再"洗碱"

我县南部几个乡镇种植水稻历史悠久，水稻是靠滦河水灌溉的。从20世纪90年代末期开始，滦河水特别紧缺，而我县的水稻却能够在缺水短水的大形势下照样种植，产量质量都有保证，那是沾了采用新技术的光。

20世纪七八十年代，我们这里水源充足，农民种植水稻，用水就是大水漫灌。冬季一到，便开闸放水，让稻田在深水中浸泡数月，名为"洗碱"。待到来年开春育秧、插秧时，再把这些"脏水"引进水渠放掉，重新补充"新鲜"水。

20世纪90年代末，县有关部门倡导平衡施肥法，就是磷、钾、有机肥配合氮肥施用，冬季就用不着放水“洗碱”了。同时，在育稻秧时推行钵盘旱育法，几乎用不了多少水就能把稻秧育好，育秧期几乎见不着满沟满渠哗哗淌的河水了。在水稻灌溉期，根据水稻的生理生长期，合理放水和用水，效果很好。前期注重浅水管理，中期适当停水排干晒田，后期见湿见干管理。这样用水，要比20世纪七八十年代用水节省四成左右。

从2001年开始，我们这里又推行水稻旱种法，减少了水稻育秧环节，育秧期不再用水；2003年又有乡镇搞起免耕种稻法，土地不再深翻，直接用拖拉机耙地，泡田期用水又可节约近一半，而且免耕法还使稻田保持水分，利于水稻生长和田间操作。这个新技术，受到农民的欢迎。

现在，我们这里种植水稻用水量不是很大，但水稻能年年保持丰收，亩产量一般情况下为650公斤，比大水灌溉的20世纪七八十年代亩产增加200余公斤。

就我们这里种植水稻的实践来看，节水创高产的关键是农业新技术的应用，假如仍采用传统管理模式，我们的水稻是很难种植的。

目前，我国水资源紧张，农业用水占了很大比例，农民的节水意识还不是太强，庄稼要种，水也要省，这两者间的矛盾要处理好，关键是把新型种植技术推广落实到田间地头，让农民从节水中尝到了甜头，农业节水也就变成了一种自觉行动。

冯立成　河北省滦南县胡各庄镇马各庄村

农村节水潜力大

我国水资源紧张的现象早已存在，这已引起政府和有关部门的高度重视。我国农村农业生产用水量大已是不争的事实。地处长江中下游的江苏长江以北地区水资源相对充足，尽管近年来长江水位有所下降，水资源渐趋紧张，可这并没有引起苏北农村足够的重视，不仅节约用水意识淡薄，浪费水资源的现象也十分普遍。

在农业生产用水环节上，尽管不少村组都建了水泥节水渠道，但在栽秧季节，由于农民是一家一户地栽秧，缺乏统筹，供水时间不一致，有时仅为少数田块栽秧，也要让一台抽水机开机供水，形成大量的水资源浪费。

近年来我国改革开放，农村经济不断发展，小集镇建设速度加快，往往集镇、居民住房的污水都从排水沟进入了就近的村庄河道，使一些原本清澈的河水污染，不能作为生活用水，水资源得不到充分的利用，形成浪费。

随着农村经济的发展，生活水平不断提高，人们也在追求生活质量，不少农户和单位为了能度过一个清凉的盛夏，打小井装起了耗电少、价格较低的“水空调”，浪费大量的地下水资源。

总之，在一些农村地区，还存在着浪费水资源的现象。所以，农村节水意识亟待加强，农村节水潜力很大。

张茂尧 江苏江都市华斯建工有限公司

关键是要农业节水

这样一组数据，可以证明农业节水才是节水的关键：美国年取水量不足5000亿立方米，国民生产总值超过8万亿美元，而我国年取水量在6000亿立方米以上，国民生产总值却不到2万亿美元。我国用水总量中，70%属农业用水，北方还高达80%，农业用水的90%是灌溉用水，这90%的灌溉用水，利用率仅45%左右，利用系数不到0.45，不足世界上最缺水国家——以色列的50%。

事实上，灌溉用水减少10%，家庭用水即可增加1倍。如何做到农业节水？

主要的措施，就是推行节水灌溉，这一措施包括合理利用水资源、节水工程措施、节水农艺措施、节水管理措施。推行方式就是利用国家农业综合开发项目特有的治理措施综合性、项目管理综合性、资金投入综合性等优势，建设大量小型水源工程（如小水窖、小塘坝）、机电排灌站、机电井、灌排渠系及其配套建筑，保证有灌溉条件的地区节水；利用已有的农业节水科研成果，进行土地整治、地膜覆盖、秸秆还田、深耕深松、留茬免耕保墒、秸秆覆盖等农艺措施推广示范，加大力度、提高规模和水平；鼓励科研人员在节水农业中施展才能。同时，通过多种渠道、采取各种形式，对农民进行节水技术培训，让他们参与灌溉管理，有条件实施田间及大棚集雨节水灌溉、喷灌、微灌、渗灌，淡化利用微咸水（地表水）、提高中水再利用率；实行按用水成本和实际用水量供水，在建设防渗灌溉渠道、管道等设施时，配套量水设施，实现农业用水控制和运行自动化。还要加快灌溉用水水价改革与资金管理，实行按方计收水费。

农业节水，特别是现代化农业节水，对缓解我国供水矛盾、减少水资源浪费，提高水利用率，发展高产优质高效农业，现实战略意义和历史意义都非常深远。

柏依朴 河南省澧县澧东农技站

无奈的收费方式

我生活在欠发达农村地区，群众普遍没有节水意识。一个原因是我们这儿有相对充足的水资源，最主要的还是，国家收取水费无法以流量计算，而是以年度，每年人均交 4 ～ 5 元钱，俭朴的农民会珍惜一粒粮食，却不懂节水的重要。水作为一种商品，不以量论价，这恐怕是商品使用中最不合理的收费方式。

说无奈，也有原因。其一，水利基础设施缺少资金投入。就拿我们这

一地区的农业灌溉用水来说吧，原始的土渠道灌溉，水的利用效率只有30%～40%，井灌也只有60%，这造成了大量水资源的浪费。目前推广的节水灌溉（像滴灌、喷灌等），能提高水的利用率，但需大量资金投入。在资金投入不足时，“选择”浪费宝贵的水资源，对农民来说是无可奈何的事。其二，投资与管理困难。拿农村生活用水来说，村庄星罗棋布，零星的散居户像散落的瓜子，铺设水管相当困难；再加上缺少有效的监督，很难杜绝对地下水的任意开采。

要想使欠发达的农村走节水之路，必须让农业走规模化、产业化的路子。这样，一旦农村生活用水与节水灌溉设施建成，水就可以按流量计价。

林统征 河南省商丘市柘城县马集初中

农村节水之我见

农村如何节约生产和生活用水？我认为应从三方面入手。

第一，节约生活用水，特别抓好农村饮用水的管理。目前，农民群众的饮用水主要直接取自河湖和地下，使用后的污水不经处理直接排放，造成水污染。如果少用水就可以少排污，因此农村也要节水。农村饮用水浪费表现在：抽水点没有水龙头设施，在供水时间内水流不断，浪费惊人；管道破损，管护人员修理不及时；接到农户家中的自来水不安装水表及水龙头，抽水时水具装满后任自来水随意流淌。因此，应以农村饮水工程改建为契机，规范农村饮水供用管理，加大用水管理的服务力度，减少水浪费。

第二，节约生产用水，特别抓好渠道硬化工程建设，发挥用水者协会的应有作用。农业用水浪费严重，是由于渠道未能实施硬化，造成渗水和漏水。因而，应充分发挥用水者协会的作用，本着“谁投资、谁受益，谁用水、谁交费”的原则，对灌区内的渠道实行硬化。

第三，充分利用和保护地表水资源，减少自然水资源的浪费。加强对水源林的保护和绿化，大力提倡兴建地头水柜，贮存地表水，应干旱时之用。在丰水期，充分利用电力设施进行抽取，回灌到水库、山塘及地下河，以补充地下水，保证群众生产和生活用水。

吴岸刚 广西扶绥县渠黎镇政府

灌渗技术可变抗旱为防旱

我对农业节水一直非常关注，根据早年学医的知识，经过多年的潜心研究和无数次实验，发明了既能自动化、又能节水的新型灌溉技术——灌渗。希望能将这种技术用于生产实践。

农业防旱技术很多，有覆盖地膜，有培育抗旱品种等。但在缺墒的情况下，我认为灌渗是很实用有效的，这是我把仿照人体心血管系统“机能供水”模式应用到田间获得的成功。所谓灌渗，就是在旱前补充土壤失去的水分以保持最佳墒情的防旱技术。具体地说，就是先把水“等压灌到地下”，再让水“有序地向上浸渗”。灌渗技术是通过灌渗装置实现的，灌渗装置包括灌水罐、地下网和渗水膜三部分。实行灌渗投资少，每亩材料费400元左右，不及喷灌的1/2；灌渗装置寿命长，施工技术难度小，一经示范，农民就会干，一次工程，多年受益。灌渗适用于温室、大棚、广大旱作农业区和沙荒区，实用可行。

灌渗优点如下：一是低压，灌渗所需的水头仅2米左右，不需二次加压，可节省大量费用。二是自动，灌渗只需合闸之劳，启动水泵即万事大吉，也无任何灌前灌后的相关劳动。三是及时，灌渗不受时间制约，能及时补充土壤失去的水分，不误农时，确保无旱农业。四是均匀，在灌渗田里，每一单位面积上，不受距离影响，所得到的水都是相等的。五是适量，每亩次灌水只需4立方米，符合科学的防旱标准。六是从容，根据天气预报，土壤墒情和作物需水标准，从容补水是突出特点。七是文明，灌渗能带动秸秆还田、覆盖地膜、深施化肥、实行免耕、立体种植、机械作业等农业技术综合发展。

翟炳谌　河北省衡水市农业局畜牧中心退休职工

知识链接

我国农业节水技术有几招

近几年，我国加快了节水灌溉技术的发展，各地结合实际，因地制宜地总结和推广了以下10种节水技术。

渠道防渗技术

采用渠道防渗技术后，可使渠系水的利用系数由0.4～0.5提高到0.75～0.85。此外，渠道防渗还具有加大过水能力、减小过水断面、有利于农业生产抢季节、节省土地等优点。渠道防渗是我国当前节水灌溉技术推广的重点。根据渠道防渗所使用的材料进行划分，我国目前主要采用混凝土衬砌、浆砌、石衬砌、预制混凝土与土工布复合防渗等形式。

管道输水技术

管道输水具有节水、输水迅速、省地、增产和有利于抢季节等优点，与土渠相比较，利用管道输水，水的利用系数可提高到0.95，节电20%～30%，省地2%～5%，增产幅度10%左右。目前管道输水技术主要在我国北方井灌区推广应用，在南方部分水稻种植区和北方自流灌区也开始采用管道输水技术。

畦灌、沟灌技术

畦灌是耕地经平整后，利用畦埂将田块划分成小块进行灌溉；沟灌是耕地经平整后，以一定距离开成一道道输水沟，灌溉水通过水沟进行灌溉。畦灌、沟灌都是对大水漫灌方式的一种改进，以达到节约灌溉用水的目的。由于技术简单、投资省、农民易于掌握，目前在全国已大面积推广。

喷灌技术

喷灌可使水的利用率达到80%。由于取消田埂及农毛渠，一般可以节省土地10%～20%，作物增产幅度可达20%～30%。此外，不需平整耕地、修建田间农毛渠和打埂，不但省工省力，而且有利于农业机械化、现代化。目前在我国推广的喷灌形式主要有轻小型喷灌、固定式喷灌、移动管道式喷灌、卷盘式喷灌、大型喷灌等。

微灌技术

微灌将水和肥料浇在作物的根部，它比喷灌更省水、省肥。当前在我国推广的主要形式有微喷灌、滴灌、膜下滴灌和渗灌等。膜下滴灌具有增加地温、防止蒸发和滴灌节水的双重优点，节水效果最好，近几年，在我国西部得到迅速推广。

水稻控制灌溉技术

根据水稻不同生育期对水分的不同需求进行灌溉，即改变以往水稻大水漫灌、串灌的旧习惯，而采取薄、浅、湿、晒的方式进行灌溉。这项技术只是改变灌水习惯，节水效益显著。

集雨节灌技术

近几年来，西北地区群众将当地解决农村饮水的集雨技术和节水灌溉技术结合起来。通过修建集雨场，将雨水集中到小水窖、小水池等小、

微型水利工程中，再利用滴灌、膜下滴灌等高效节水技术进行灌溉。集雨节灌工程可以使干旱缺水地区群众同平原地区一样发展“二高一优”农业，走上脱贫致富之路。集雨节灌技术已在西北（降雨量一般要大于 250毫米）和西南地区得到了推广。

声音

发展农业节水，推进雨水集蓄，建设节水灌溉饲草基地，提高水的利用效率，基本实现灌溉用水总量零增长。

——《中华人民共和国国民经济和社会发展“十一五”规划纲要》

“坐水”技术

在一些干旱缺水尤其是东北地区，春播时常因春旱出不了苗或出苗不齐，为保全苗，采用机械或用水箱、水袋拉水，在播种时进行点灌，俗称“坐水种”。这种方法投资少、简单易行。

抗旱保水技术

抗旱保水技术主要包括在农田推广使用抗旱剂、保水剂，以及通过地膜和秸秆覆盖等农艺措施增加土壤对天然降雨的蓄集能力和保墒能力，减少作物蒸腾，提高抗旱能力。

管理节水技术

通过提高灌溉管理水平，采用科学的灌溉方式，达到节水的目的，主要是根据作物需水量和对土壤墒情的监测，进行适时适量的科学灌溉；对灌溉用水进行科学合理的调度；通过调整过低的水价，改革用水管理体制，让农民参与管理，提高农民节水意识。如山西、陕西、甘肃等高扬程提水灌区通过水价的调整使农田灌溉用水量减少了 30%左右。

我国灌区的节水改造

灌区作为农业生产的主力军，是我国重要的农业基础设施，是国家粮棉油生产基地，是保障国家粮食安全的重要设施，对商品粮贡献率最高。

声音

大力发展农业节水灌溉。加快灌区改造，推广节水灌溉技术，改变大水漫灌的现象。

——温家宝（2005 年，在中央人口资源环境工作座谈会上的讲话）

我国灌区大部分建于 20 世纪 50—70 年代，经过几十年的运行，已基本达到设计使用年限，灌排设施老化失修，用水效率低下，灌溉面积萎缩，效益逐年衰减，已严重影响到我国农业生产和经济社会的发展。

1996 年我国就开展了大型灌区节水改造试点。从 1998 年起国家发改委和水利部重点组织实施了大型灌区的续建配套节水改造项目，大力推进大型灌区“两改一提高”工作，即着力进行灌区节水改造和管理体制、运行机制的改革，不断提高灌溉用水效率。

到 2004 年底，国家投入国债资金 78 亿元，地方配套近 74 亿元，对全国 402 个大型灌区中的 255 个灌区的骨干工程进行了续建配套与节水改造，一些灌区长期以来骨干工程不配套、带病运行和用水浪费的问题得到初步解决，遏制了灌溉面积萎缩和灌溉效益衰竭的趋势。

改造后的灌区经济社会效益明显，共计新增、恢复灌溉面积 3000 万亩，改善灌溉面积 7000 万亩；新增粮食生产能力 110 亿公斤，平均每投入 1.38 元可新增 1 公斤粮食生产能力；改造后渠系水利用率平均提高 18%，增加年节水能力 120 亿立方米，平均每投入 1.26 元节水 1 立方米。

目前，我国节水灌溉进入了快速发展的新阶段。各地在注重发展工程面积的同时，还因地制宜地推广了水稻控制灌溉、抗旱播种和保苗措施。与此同时，我国农艺节水技术也发展迅速，许多地方大面积地推广了秸秆还田、地膜覆盖等技术，取得了显著效益。

农业节水靠什么

一场大雨，哗哗的雨水在淋透了庄稼之后，不再从地里跑个精光，而是有相当一部分顺着人们给它开好的沟渠流向了集水窖。缺水的时候，农民再将这些贮备的雨水抽出来灌溉。

这是农业节水的一个小镜头。在很多半干旱农业区，集雨备用正在为越来越多的农民所重视。

农业节水的内涵包括了水资源的合理开发利用与配置、输配水系统的节水、田间灌溉过程的节水、作物生长水分转化过程的节水、用水管理的节水以及农艺节水增产技术措施等方面。农业节水技术是由水源、工程、农业、管理等环节的技术措施组成的一个综合技术体系。

农业节水的发展和效益的提高最终依靠科学进步来实现，特别是高新技术，它代表了节水型农业的发展方向，是中国农业能够在21世纪跨入世界前列的重要支撑力之一。依靠科技进步，提高农业用水效率是我们长远的奋斗目标。

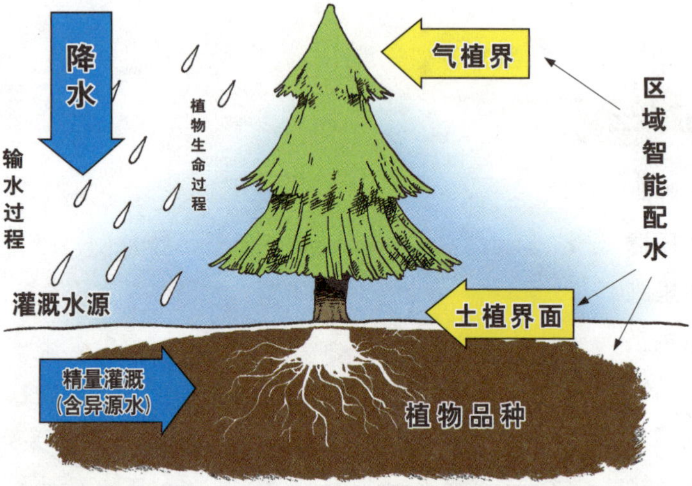

以色列的高效节水农业

以色列60%的国土面积属于干旱地区。50多年来，以色列在水资源利用和管理以及废水回收利用方面摸索出的一套成功的办法，使农业产量增长12倍，农业用水量却只增加了3倍。

以色列政府对水资源实施严格监管。1959年颁布的《水资源法》，规定了以色列境内所有水资源均归国家所有，由国家统一调拨使用，任何单位或个人不得随意开采地下水。以色列为此专门设立水资源委员会，具体负责水资源定价、调拨和监管。

水资源委员会根据用水量和水质确定水价和供水量。城镇居民用水价比农民用水价高出许多，政府还向城镇居民另外收取污水处理费。农业生产用水量大，为鼓励农民节约用水，政府给农民用水规定了阶梯价格：在用水额度60%以内水价最低，用水量超过额度80%以上水价最高。

声音

大力推行节约用水，积极发展旱作农业，加快灌区节水改造，推广使用先进的节水技术，提高用水效率。

——回良玉(2004年，在全国抗旱和冬春农田水利基本建设电视电话会议上的讲话)

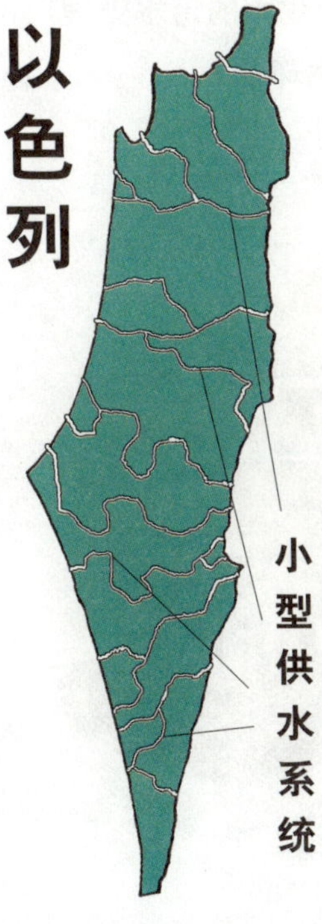

以色列地形南北狭长。水资源集中在北部和中部，但是农田却主要分布在东部和干旱的南部。因此政府投资兴建了“北水南调”工程——国家供水系统，每年从北部加利利湖向南部纳盖夫干旱地区输水4亿吨。同时，政府还在冬季和春季北部雨水充沛时将多余的水送往东部地中海滨海区，注入地下蓄水层，以防海水因地下水水位下降而倒灌。如果把国家供水系统比做大动脉的话，那么与之相接的全国各小型供水系统就好比毛细血管，彼此连通，形成一个四通八达的网络。

以色列淡水资源有限，随着人口不断增加，用水压力与日俱增。政府一方面积极支持和推广节约用水技术，一方面鼓励广开门路，增加水源。以色列建国以来，农业灌溉用水从每公顷 8000 吨下降到 5000 吨，可耕地面积却增加了近 180 万公顷。

农业用的滴灌技术是众多节水技术中的杰作。滴灌技术可以使水直接输送到农作物根部，比喷灌节水 20%，而且在坡度较大的耕地应用滴灌不会加剧水土流失。化肥制造商也千方百计开发可溶于水的产品，施肥可与滴灌同时作业。

在增加水源方面，以色列加大了对污水处理和海水淡化工程的投入。以色列于 20 世纪 90 年代中期制定了增加水资源长期规划，包括兴建一座年产淡水 4 亿吨的海水淡化处理厂和年产 5 亿吨净化水的污水处理厂。以色列计划未来农业灌溉全部采用污水再处理后的循环水。

第三章：工业节水任重道远

水是工业的血液，工业生产需要大量的水。改革开放以来，我国工业用水持续增长。2005年全国总用水量5633亿立方米，工业用水占22.8%，与2004年比较，全国总用水量增加85亿立方米，工业用水增加56亿立方米。随着工业化进程的加快，工业用水仍将增长，水资源供需矛盾将更加突出。

我国工业用水效率总体水平较低。2005年，我国万元工业增加值用水量为169立方米，工业用水重复利用率约为60%。而发达国家万元工业增加值用水量一般在50立方米以下，工业用水重复利用率一般在80%~85%以上。美国2000年万元工业增加值用水量不到15立方米，工业用水重复利用率约为94.5%，日本万元工业增加值用水量也仅为18立方米，工业用水重复利用率达到80%以上。总体来看，我国目前工业用水重复利用率仅相当于先进国家20世纪80年代初的水平。

为保证经济社会的可持续发展，国家要求到2010年，万元工业增加值用水量降低到115立方米以下，工业用水重复利用率提高到70%左右，城市供水管网漏损率降至15%以下。以我国目前的工业用水形势来看，距离这一目标还有很大的距离。

可以说，工业节水任重道远。

背景

工业用水增长快

我国工业用水从1980年的457亿立方米，增加到2005年的1284亿立方米，增加了1.8倍。与2004年比较，全国总用水量增加85亿立方米，其中工业用水增加56亿立方米。

我国工业取水量占全国总取水量的1/5，如不控制其用水增长速度，提高用水效率，不久即会使我国本已严重短缺的水资源雪上加霜，并危及整个国民经济与资源、环境的协调发展。

工业不仅是用水大户，而且排放出大量工业废水，造成严重的水污染。

据有关研究报告，到21世纪中叶我国人口达到15亿高峰时，全国总

取水量有可能达到7000亿～8000亿立方米，已接近可用水资源量的极限。根据我国工业取水量和万元工业增加值取水量的变化趋势，预测未来几十年内工业取水量增长率达3%左右。因此，必须全面加强工业节水，大幅度提高用水效率。

工业节水路漫长

从目前的情况看，工业节水依然任重道远。那么，是哪些原因影响着工业节水的进步呢？

节水意识不强

由于人们缺乏科学、正确的水观念，对节水的重要性、紧迫性和长期性认识不足，没有把节水放在突出位置，粗放经营，这些使浪费水、污染水环境的现象十分严重。

节水动力不足

工业水价、水资源费、排污费偏低。低廉的水价和资费使企业缺乏节水动力。

工业布局不合理

高用水行业过度集中在北方缺水地区，使这里水资源供需矛盾日益突出，由此带来地下水位下降、地面沉降和水污染等问题。

工业结构性矛盾突出

企业规模结构、产品结构和原料结构不合理，是目前工业用水效率低的重要因素之一。绝大多数企业规模小，生产集中度低，高消耗、粗加工、低附加值、缺乏市场竞争力的产品比重高，降低了产品可实现的价值，这是万元增加值取水量高的重要原因；造纸等行业的原料结构不合理，导致单位产品取水量居高不下。

管理工作薄弱

绝大多数企业没有建立节约用水的管理制度，工业用水定额不完善，用水计量不健全，不少企业供水管道和用水设备的"跑冒滴漏"现象严重。目前我国城市供水管网漏损率为20%左右。

为保证经济社会的可持续发展，国家要求到2010年，万元工业增加值用水量由2005年的169立方米降至115立方米以下，工业用水重复利用率由2005年的60%左右提高到70%左右，城市供水管网漏损率降至15%以下。重点抓好火力发电、纺织、石油化工、造纸、冶金等高用水行业的节水工作，其主要产品的单位取水量要平均下降20%～40%，同时对全部工业企业的节水工作实施指导，全面推进节水型企业建设。

大家谈

工业节水应以追求节水效益为目标

工业节水、生活节水属效益节水，应以降低万元产值用水量，提高水的重复利用率为目标，依靠现代科学技术，水价政策调控与法律法规手段强制实施，并努力赶超国际先进水平。

目前我们工业用水与生活用水浪费现象最为严重的原因在于我们的技术水平落后，管理水平差，也没有强制性的法律法规政策作为保障。为此，人们在用水的过程中往往忽略了节水因素，也没有过分地去追求先进的技术与管理，因为我们的水价实在太便宜，如果将水作为生产原料或生活原料的话，其所创造的价值与它的销售价格极不匹配。为此，工业、生活节水应首先通过价格政策、法律法规等手段激发人们的节水意识，并通过强制执行有关政策法规，提升我国工业技术水平。同时，国家应在加强工业、生活节水科技问题研发方面给以重点支持，为其提供技术支撑，并以赶超国际先进水平为目标，推动科技进步，确保工作顺利实施。伴随着工业、

生活节水的实施，效益的提高，国家也可从其所创效益中拿出一部分来反哺农业，使综合节水得到平衡发展。

吴普特 中国科学院水利部水土保持研究所

循环经济理念推动节水管理

循环经济是国际社会推进可持续发展的一种实践模式，它强调最有效利用资源和保护环境，表现为“资源—产品—再生资源”的经济增长方式，做到生产和消费“污染排放最小化，废物资源化和无害化”，以最小成本获得最大的经济效益和环境效益。

循环经济理念要求城市节水从单纯的抑制需求、减少耗用量，发展到用同样的水量消耗来满足人们迅速增长的健康和舒适度的需求，从消极、被动的节水阶段发展到积极、合理的提高水的利用效率阶段。

对于工业用水，一方面必须从技术上加大对大耗水设备的改造，促进企业从技术上节水，另

一方面运用定额管理、价格手段等促使企业从用水源头减量化。同时在大的工业区，根据对水质要求的不同，积极推广工业企业间的串联利用模式，在工业内部推行厂内不同水质用水的串联再利用模式。城市污水处理，不是简单的达标排放，而是将污水处理出水再回用于工业辅助用水、农业灌溉以及城市公共生活用水等，从而实现水的循环利用。

李明 天津大学管理学院

施工节水大有可为

建筑施工每年要用多少水？ 2005 年国家公路与铁路建设投资超过 5600 亿元，仅据此推算，施工用水就需 80 亿立方米，相当于洞庭湖一半的水量。建筑施工既然需要这么大的用水量，我想，节约用水还是大有潜力可挖的。

首先，应大力加强工程施工节约用水的宣传教育，培育员工自觉养成节水爱水的良好习惯。

其次，应加强节水技术的研究，并集成推广。一方面，应在用水设备上安装计量水表，积极开展节水竞赛活动，对活动中涌现出来的循环用水、一水多用的新措施、新方法进行集成推广。例如，在搅拌机、车辆清洗处、隧道排水口设置沉淀池，排出的废水经二次或三次沉淀后，可二次使用或派作其他用场。另一方面，通过对新技术、新工法的集成推广达到节水的实际效果。例如，混凝土养护采用大水漫浇的方式较为费水，应代之以雾喷技术或湿麻袋片覆盖的方式；在路基施工中，采取塑料薄膜覆盖以防止水分蒸发后再二次洒水的做法也很值得推广。

张英智　中铁十七局集团第一工程有限公司

5年节水2亿多吨

中国石油化工与销售分公司所属企业大多处于水资源缺乏的我国北方地区，解决好生产与节水的关系，对实现企业的可持续发展意义深远。5年来，全系统在产品产量增加了240万吨的同时，累计节水2.4亿吨，吨商品耗新鲜水下降了55%，既获得了显著的社会效益，也获得了可观的经济效益。

公司通过环保宣传和培训等多种形式，加强对节水的宣传和培训，使全公司上下深刻地认识到了创建资源节约型企业的必要性和重要性。公司在对主要装置、重点耗能设备的能量平衡标定的基础上，以新技术的应

用解决了制约企业节水的瓶颈。其中，抚顺石化通过采用污水回用技术，回用能力目前达到795吨/小时，年节水244万吨；通过采用蒸汽冷凝水回收技术，年回收冷凝水156万吨，节约蒸汽20.6万吨，创造效益2679万元。

沈钢 中石油化工与销售分公司

工业节水从哪里突破

工业节水任务很重，但是长期以来一直寻找不到一条有效的节水之路。其实工业节水的策略有很多，要靠技术进步，完善监控体系，提高工业用水效率。

一是根据水资源条件和行业特点，合理调整我国的产业结构和工业布局，优化配置水资源。各地区尤其是缺水地区，要严格限制新上高耗水项目，禁止引进高耗水、高污染的工业项目。要制订限制高耗水项目目录及淘汰落后高耗水工艺和高耗水设备目录。

二是加快节水技术和节水设备、器具及污水处理设备的研究开发。要针对高耗水行业和企业存在的问题，组织科技攻关。重点节水技术研究开发项目，应列入国家和地方重点技术创新计划和科技攻关计划。

三是大力推广工业节水新技术、新工艺、新设备。下大力气改造落后的生产工艺和设备，特别是高耗水的工业企业，要增加节水技术改造资金的投入。

四是积极推行清洁生产，促进废水循环利用和综合利用，实现废水资源化，鼓励综合利用海水、微咸水等非传统水资源。

五是要加快建立节水标准体系、节水技术开发推广体系和节水设备、节水器具的研制生产体系，培育和发展节水产业。

六是要建立并实行新建、改扩建工业项目的“三同时、四到位”制度和环境影响评价制度。“三同时”即工业节水设施必须与工业主体工程同时设计、同时施工、同时投入运行；“四到位”即工业企业要做到用水计划到位、节水目标到位、节水措施到位、管水制度到位。对不执行“三同时、四到位”和环境影响评价制度的工业项目和企业，有关部门不予批准立项，银行不予贷款，供水部门不予供水。

七是新建和改扩建工业项目，在项目可行性研究报告中，应当包括用水、节水方案。要逐步建立和实施工业项目用水、节水评估和审核制度。

摘编自《关于加强工业节水工作的意见》

知识链接

什么是工业用水量

工业用水量是指工矿企业在生产过程中用于制造、加工、冷却（包括火电直流冷却）、净化、洗涤等方面的用水，按新水取用量计，不包括企业内部的重复利用水量。

什么是工业用水重复利用率

工业用水重复利用率是指工业用水中重复利用的水量与总用水量的比值。

计算公式为：$\eta = W_{重}/W \times 100\%$

式中：η为工业用水重复利用率，$W_{重}$为重复利用的水量，W为总用水量。2005年，我国工业用水重复利用率为60%左右。而发达国家工业用水重复利用率一般在80%～85%以上，美国工业用水重复利用率约为94.5%，日本达到80%以上。

什么是万元工业增加值用水量

万元工业增加值用水量是工业用水量（立方米）和工业增加值（万元）的比值，可有效反映该地区的水资源利用效率和效益。

什么是非传统水资源

一是雨水，二是经过再生处理的废水，三是海水。这些水资源的突出优点是可以就地取材，而且是可以再生的。

声音

要把节水作为一项必须长期坚持的战略方针，把节水工作贯穿于国民经济发展和群众生活的全过程。制定水资源规划，明确各地区、各行业、各部门乃至各单位的用水指标，确定产品生产或服务的科学用水定额。

——胡锦涛（2004年3月10日，在中央人口资源环境工作座谈会上的讲话）

首先，雨水利用的潜力很大，在不少国家已经得到广泛采用。其规模可大可小，用途多种多样，方式千变万化，好处不胜枚举。

其次，处理后的城市废水已经成为新的水资源，而且是不受季节、降雨影响的稳定的水资源。处理后的城市废水可以回用做工业冷却水、农业灌溉水、市政杂用水等。城市废水的回用可以一箭双雕，既缓解城市水资源短缺的矛盾，又减轻对水环境的污染。

最后，海水利用在沿海地区的水资源管理中具有举足轻重的地位。海水可以用做工业冷却水、冲洗厕所水，经过淡化还可以用做生活饮用水。

中水、再生水及中水系统

“中水”一词从20世纪80年代初在国内叫起至今将近30年，现已被业内人士乃至缺水城市、地区的部分民众认知。开始时称“中水道”，来于日本，因其水质及其设施介于上水道和下水道之间。随着国外中水技术的引进，国内试点工程的实验研究，中水工程设施建设的推进，中水处理设备的研制，中水应用技术的研究、发展和有关规范、规定的建立、施行，逐渐形成一整套的工程技术，如同“给水”“排水”一样，称之为中水。

声音

鼓励水的循环使用。加快循环经济，鼓励一水多用、中水回用和再生水的开发利用。鼓励工业企业循环用水，发电设备采用空冷技术等。加大污水处理回用力度，逐步推广建立中水系统。在有条件的地区大力开发海水淡化技术，发展相关产业。

——曾培炎(2005年4月29日，在全国水价改革与节水工作电视电话会议上的讲话)

中水系统是由中水原水的收集、储存、处理和中水供给等工程设施组成的有机结合体，是建筑物或建筑小区的功能配套设施之一。

中水系统从服务范围可分为以下三类。

一是建筑中水系统，即在大型建筑物或建筑群中建立的中水系统；

二是区域中水系统，即在建筑小区或院校、机关大院内建立的中水系统；

三是城市中水系统，我国称污水回用系统，即在整个城市规划区内建立的污水回用系统。

再生水是指污、废水经二级处理和深度处理后达到规定的水质标准，可在生活、市政、环境等范围内杂用的非饮用水。当二级处理出水满足特定回用要求，并已回用时，二级处理出水也可称为再生水。中水就是再生水。

发达国家工业节水之路

世界银行曾在其《1992年发展报告》中指出，人均GDP达到3000～5000美元时期，制造业在GDP中所占比重较高，是工业化中期向后期转变阶段。产业结构从食品、轻工等劳动密集型产业，向石化、钢铁、电力等原材料为代表的资本密集型产业转换，再向以电子、微电子加工、生物工程等为代表的技术密集型行业转换。其间，工业用水大致经历快速增长、缓慢增长与零增长三个演变过程。工业化初中期，工业经济总量持续增长导致用水量机械增长；到了工业化中后期，随着结构的调整，工艺技术的进步、法规体系的健全和用水管理的强化，机械增长必然趋于缓和，最终导致用水量缓慢增长乃至零增长。

声音

要深刻认识工业节水工作的重要性和紧迫性，将“节流优先，治污为本，提高用水效率”作为工业节水工作的指导方针。

——《关于加强工业节水工作的意见》（原国家经贸委、水利部等六部委于2000年10月联合印发）

从各国实际发展历程看，美国工业用水曾在20年间增长3倍，日本工业用水增长5倍。日本工业用水减少开始的年份是1974年，美国工业淡水取水量开始减少的年份是1981年。韩国、新加坡等新兴工业化国家在20世纪90年代后期也出现了工业用水迅速减少的现象。其原因主要有三个方面。

一是环保观念和立法保障。经济发展到一定程度后公众环保意识的增强、环保标准的提高，既要求减少从自然水体中的取水量，又要求减少废水向自然水体中的排放量，两方面都推进了工业淡水取水量的减少。1964年瑞典通过水质法令，强制实施工业生产用水再循环利用，工业淡水取水量从1966年开始迅速下降，10年后工业取水量下降了约50%。1977年美国实施严格的污染控制法规，工业淡水取水量在80年代初迅速减少。

二是产业结构调整。产业类型由耗水多的劳动—资本密集型向耗水少的技术—知识密集型转变，高耗水的重化工业有所萎缩，高耗水产业向发展中国家大量转移，为其国内工业用水减少提供了基础条件。

三是价格杠杆作用。较高的供水价格和排污费，直接促进了发达国家工业用水重复利用率的提高（普遍达到80%以上），这是发达国家工业用水减少的直接原因。

工业节水有哪些方法

与发达国家相比，我国工业用水效率的总体水平还很低。结合我国实际，越来越多的人们认识到，工业节水必须革新工艺，研究推广节水新技术，逐步对耗水量大的落后工艺技术进行改造。目前工业节水的主要途径有以下几种。

冷却水的重复使用

在工厂推行冷却塔和冷却池技术，可使大量的冷却水得到重复利用，并且投资少，见效快。我国一家塑料厂投资数万元设置冷却塔后，生产1

吨塑料由耗水300多吨降至40吨，水的回收率达到80%～90%，一年节约水费近3万元。如果我国冷却水重复利用率都达到70%，那么全国每天可节水400多万吨。

回收利用废水

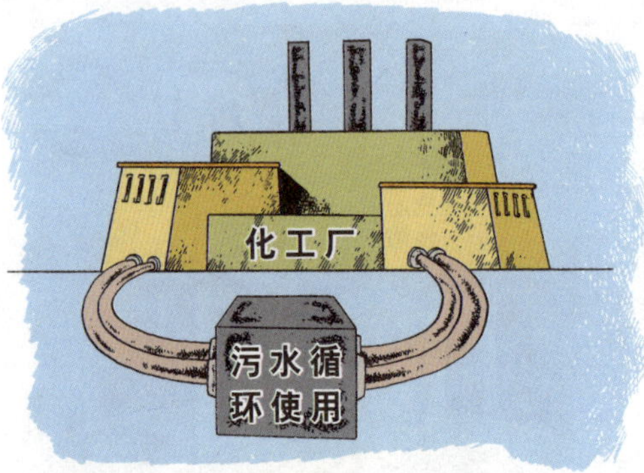

回收利用废水，建立工业用水的封闭循环系统。造纸工业采用这种方法，可使生产每吨纸的耗水量由数百吨减为数十吨甚至更少。我国天津一家造纸厂采用这种方法后，日耗水量由3000吨减少到300吨，节水90%。

循环反复用水

在化工、电镀、印染纺织等行业的生产过程中，推行逆流漂洗的循环用水技术，利用后一道工艺排出的较清的水供前一道工艺使用。电镀和印染行业采用这项技术后，至少可节约30%的工业用水。

用次水代替好水

在不影响产品质量的前提下，靠近海边的钢铁、化工、发电等工厂可用海水代替淡水冷却。滨海城市也可将海水用于清洁卫生。在我国北方的大、中城市里，对过量开采优质深层地下水的地区，可用水质较差的浅层地下水供生产冷却、建筑施工、简洁卫生和园林绿化等使用。

第四章：城市生活节水从点滴做起

城市生活用水像空气一样，无声息地渗透于我们每一个生活细节。具体包括居民、商贸、机关、院校、旅游、社会服务、园林景观等用水。

虽然白哗哗的水四处横流在我们的城市生活中已不太多见，但您是否注意到生活细节中浪费水的量也是十分惊人的？您是否在洗澡、洗手、洗脸、刷牙时忘记关上水龙头？

节水部门曾做过实验，在耗水量比较大的洗澡过程中，擦沐浴液、洗头液时及时关掉水龙头要比开着节水60升；用盆接水洗菜比开水龙头冲洗节水100升；刷牙时用口杯接水，用水仅0.5升，而开着水龙头刷牙，仅3分钟就要浪费27升水。

一滴水，微不足道，但是不停地滴起来，数量就很可观了。据测定，“滴水”在1个小时里可以集到3.6公斤；1个月里可集到2.6吨。至于连续成线的小水流，每小时可集水17公斤，每月可集水12吨；哗哗响的流水，每小时可集水670公斤，每月可集水482吨。

所以，节约用水应从点滴做起，从现在开始，请珍惜我们身边的每一滴水。

背景

目前我国 2/3 的城市缺水

由于特殊的气候地理条件、水资源短缺、供水工程建设滞后、水质恶化等多方面的原因，全国 600 多个城市中，有 400 个供水不足，110 个严重缺水。

城市缺水可分为资源型缺水、工程型缺水、水质型缺水和混合型缺水四种类型，根据抽样 273 座缺水城市的分析结果，资源型缺水占 46%，工程型缺水占 29%，水质型缺水占 7%，混合型缺水占 18%。

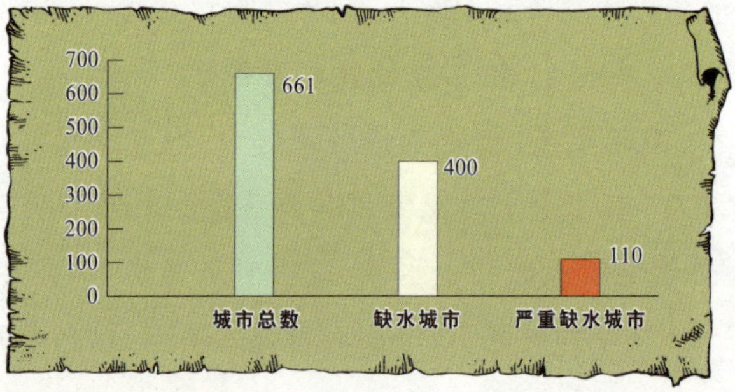

未来城市更“干渴”

城市缺水，不仅会直接影响居民生活、工业生产，还会对服务业、城市投资环境造成影响，更有的由于超采地下水造成地面沉降等影响生态安全。

干旱缺水是我国基本国情。从自然灾害特点来看，我国的气候水文特征决定了干旱灾害发生的必然性、广泛性和持续性。从气候发展趋势看，全球温室效应不断加重，气候变暖趋势明显，出现异常气候的可能性增加，干旱灾害尤其是连续干旱的发生频率增加，城市干旱缺水将日趋严重。随着经济的发展，人口的增加，城市用水量必将持续增长，城市缺水状况不容忽视。

从水资源占有量上看，预测到 2030 年左右，我国人口将达到 15 亿的峰值，届时人均水资源占有量将接近贫水警戒线。随着城市化进程加快，将有大量的农村人口和乡镇人口转为城市人口。预计到 2050 年，城镇人口达到 11 亿左右。由于城镇居民生活水平高，用水量大，要求保证率高，因此，到那时城市水危机将会相当严重。

从经济角度看，城市用水量将持续增加。据分析，从现在到 2030 年，我国用水总量将持续增加，用水高峰将在 2030 年前后出现，用水总量将达到 7300 亿立方米左右，其中城乡生活用水从现在的 500 多亿立方米增至 1100 亿立方米。而预计同期可供水量为 6700 亿立方米，缺口在 600 亿立方米左右，并且主要体现在城市的生活用水和工业用水上，城市特别是北方城市供水短缺的问题将会更加突出。

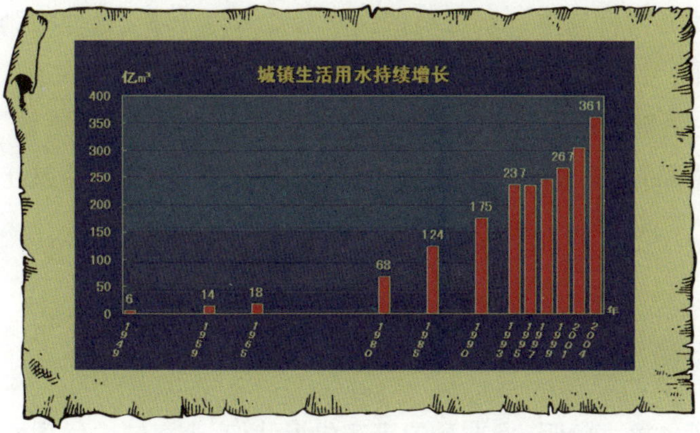

大家谈

规定用水最低消费不利于节水

在笔者居住的小城，生活用水实行最低消费标准，即规定每户每月10吨水，若没有用完也要按10吨水收费，超过10吨则按实数收费。

这种收费方式，不仅严重伤害了用户利益，而且人为造成水资源的极大浪费。因为有了最低消费标准，用户只要没有达到10吨水就不会考虑节约用水。如果按照每户每月多用4吨水，笔者所在的这个小城按4万户计算，每月则人为地多用水16万吨。前两年，某大城市就曾有过关于生活用水最低消费标准的争论见诸媒体，可见，实行最低消费绝非个例。

最低消费标准，还形成了水资源浪费的恶性循环。因为供水企业会把提高效益的着眼点放在多供水上，而忽略了通过转变观念、改革经营机制、加强内部管理等措施降低成本。现在有的供水企业人浮于事，管理松弛，生产成本居高不下，亏损严重，与用水最低消费标准有密不可分的关系。

笔者认为，生活用水最低消费标准，纯属落后的管理制度，既违背了《水法》的供水价格原则，又是一个隐性的水资源浪费漏洞，应该明令禁止。

张善亮 湖南省华容县市民

请设计节水型楼盘

说上海缺水似乎危言耸听，但严酷的事实告诉我们：上海缺少优质水。

据专家测算，上海符合国家饮用水水源标准的地表水仅剩1%，如果不马上采取切实有效的节水措施，后果将十分严重。我在此提点具体建议，供有关部门参考。

一是从硬件上抓起，想方设法节约用水。上海每年新建大批住宅、楼盘，其中“智能型”“环保型”“节能型”的住房层出不穷，但“节水型”的住宅却没有听说过。希望在设计、建设新楼盘时，应该把节水的概念作为重要的标准考虑进去。

在家庭生活中我们有心节水，但由于缺少必要的节水设备，而使大量可循环利用的水白白流进了下水道。今后在造楼时，是否可考虑在每个住宅单元建一只小水箱，其功能是把家庭洗浴、洗涤水存起来，用来冲洗卫生间的便器，擦洗厨房的地板，同时尽量使用节水型的沐浴喷头、水龙头。还有，上海住宅小区的绿化、城区的公共绿地面积越来越大，浇灌花草也需大量自来水。今后在建绿地时，可以同时兴建池、塘，其功能之一是用来积存雨水。上海雨水较多，利用天然雨水浇花木，也可节约大量水资源。

二是利用经济杠杆促进节约用水。在上海，对不少家庭而言，水费开支所占比例太小，可谓“毛毛雨”，因而许多市民用水大手大脚。以我一家

三口来说，每月水费加排污费总共才三十几元，不到家庭总收入的1%，因而有"用水多少无所谓"的心理。是否可以考虑，根据家庭的人口、户型等，测算出一个科学、合理、可操作的用水标准；超出部分，大幅度提价，从而使大家充分意识到水是珍贵的。

汪柏荣 上海市民

城市节水大有文章

笔者考察发现，许多地方的领导和专家对城市节水的关注远不如农业节水，这在西部地区城市基础设施建设和管理上表现比较突出。

以笔者所在城市银川市为例。银川市深居西北内陆地区，年降水量202.7毫米，由于降水量小，气候干燥，因此绿化城市的植物需要大量的水供应，需要花费大量的人力和物力进行浇灌。但是，公路两侧栽种树木的

地面高于公路路面，树木两侧种植草坪的地面更高出公路路面近10厘米。在浇灌时，由于大水漫灌，植物吸收不多，绝大部分灌溉用水都从树丛和绿地中流到了路面，最终都流入了公路两侧的下水道。尤其是在浇灌过程中，千疮百孔的皮管四处溢水，浪费惊人。在笔者居住的小区即是如此。

不仅一个小区是这样，银川市是这样，其实西北地区在城市规划设计中或多或少都存在着这样的问题。一个城市都是由许许多多个居民小区、活动广场和无数条马路组成的整体，如何使这个整体能够和当地水资源利用联系起来，这是干旱缺水地区，尤其是西北地区城市建设中亟待考虑的问题。

首先，要引起各级领导对节水的高度重视。在工程开工建设前，要深入实地调查研究，从而指导工作，推动工作，使整个城市建设与该地水资源状况紧密联系起来。

其次，要加强基础设施建设工程的组织领导，充分发挥规划、指导、组织、协调和监督作用，使基础设施建设科学合理。以银川市为例，全年降水不到10次，每次降水仅为20毫米左右，不会对交通道路及居民区路面造成影响，为此建议在修筑公路时，路面应高于公路两侧栽种树木的地面，树木地面应高于公路两侧的草坪。城市公路及草坪四周都砌上水泥石块，每隔数米留有一定的空隙让水自动地流进树丛或草坪之中。若遇暴雨，树丛及草坪中的积水通过下水道流走，对公路及车辆的正常通行并无影响。这样，既充分利用了水资源，也减轻了平时对草坪和树木浇灌所动用的大量人力和物力。

第三，要加强城市节水的研究工作，不断提高天然降水的利用效率。同时，充分发挥市场在水资源配置中的导向作用，形成以经济手段为主的节水机制，探索城市公共场地节水的长效机制。

李禄胜　宁夏社会科学院经济研究所

用“标准”制止水阀漏水

我们家的水阀常年漏水，为了防止浪费，我每天都在水阀下放一个水桶。可到了晚上，滴滴答答的水声常使我睡不着觉。为此我很烦恼，只好到五金店买了一个同样型号的水阀把它换掉。可谁知道，卸下旧阀，安装新阀时发现短了将近20毫米，根本装不上。后来，只好请专业人员带专用工具将管道进行了一番改造才将水阀换上，前后耽误两天时间，花费近120元。

实际上，在居民中类似我这样的情况很多，但大多数人怕费时、费钱，任凭水漏。

过去，水阀能用十几年不漏水，即使漏水，只要花几分钱到商店买个橡胶水封换上便可继续用。而近几年，很多厂家为了降低水阀的成本，不但偷工减料，将阀体尺寸缩小，而且还将以前都是铜制的阀芯、螺杆及螺母换成铁的了，用不了几天就开始生锈流水，由此使全国浪费的水无法估量。

最近，我经常思考如何防止全国普遍存在水阀常年漏水的事。我认为制订水阀标准是解决以上问题的根本办法。如果有了水阀标准，规定阀的尺寸是个标准数，阀心、螺杆及螺母是铜的，任何厂家不能改动，否则，有关部门不能让其出厂。

标准是个“一就是一”的概念，在操作上很好掌握。如果有了水阀标准，在对阀门行业进行产品质量监控时，就有了产品能否进入市场的评判标准，这样消费者买的水阀就不会出现以上那种生锈漏水或尺寸不一、很难换上的尴尬了。

希望有关部门抓紧制订水阀标准，并在市场上严格实行，这样才能使整个行业的水阀尺寸与质量得到有效的保证，杜绝非标准的水阀进入市场造成的漏水现象。

崔德臣 山东华源莱动内燃机有限公司

要为节水产品开“绿灯”

怎样才能促使节水器具更快地走进各行各业、千家万户？

为推动先进节水型器具的发展，我国政府相关部门做了大量工作。“十五”期间，相关部门规定对进入节水产品名录的企业给予税收优惠，并进行了水价改革。2005 年 4 月份，又出台了《中国节水技术政策大纲》，对节水型用水器具的推广应用作了具体规定。此外，在节水标准和产品认证上，也做了一些工作。这些都对节水产业的形成和发展起到了促进作用，但还没形成合力，面对水资源紧缺的形势还显得有些乏力。

对政府来讲，一应遵循以市场为导向、企业为主体的原则，采用市场化运作、政府提供支持、民众积极参与的发展模式，产业的发展凡是能够通过市场机制解决的，就应当由市场机制去解决，发挥水价等经济杠杆的作用。二要制定可操作性强的产业政策，促进节水产业的发展，比如积极推行节水技术和产品认证标准，促进国产设备质量的提高，完善市场准入制度，建立不合格产品退出机制；建立多元化、多层次、

多渠道的投融资机制，在一些重大关键技术上，国家可以直接投入；建立产业科技创新和产业化体系，推动节水技术进步；使税收优惠政策得到落实，等等。

对企业来讲，应不断提升技术水平，以提高产品竞争力，尽快形成规模。对消费者来讲，要有使用节水器具的意识，这不仅会带来经济效益，也是公民道德意识的体现，尽量选择经过认证的节水效率高的器具，形成节水用水的良好社会氛围。

于猛《人民日报》记者

城市节水要标本兼治

搞好城市节约用水，应标本兼治。

加强节水宣传教育，培养全民族对水的忧患意识。树立“节水从娃娃抓起”的思想，培养少年儿童的节水意识，让他们从小养成节水的习惯。加强对社区的节水宣传，让我国缺水的现状及节水的有关知识进入每一个家庭。加强对各级领导干部的节水宣传教育，培养领导干部

对水的忧患意识。各新闻媒体应将节约用水列为公益广告的重点，给予大力支持，营造良好舆论氛围。

加强节水立法，理顺管理体制。尽快讨论出台“城市节约用水条例”，条件成熟时，出台“城市节约用水法”。在加强节约用水立法的同时，应理顺城市节约用水管理体制。

大力推广节水新技术、新产品。我国的城市节水工作已开展了20多年。在节水工作开展之初，水的重复利用率提高得比较快。随着计划用水管理工作的深入开展，各项用水管理制度的不断完善，城市用水重复利用率的提高幅度变慢。在此情况下，要提高合理用水水平，需要从“靠管理节水”向“靠科技进步节水”转变，进一步拓展节水的空间。

加快水污染治理和“中水回用”步伐。做好“中水回用”工作，一是要提高对污水资源化的认识，应把开发污水资源作为开辟城市水源的重要途径；二是要抓紧制定“中水回用”方面的法规和规章；三是要研究适合我国国情的“中水回用”技术，加大推广力度。完善节水型企业（单位）考核体系，完善节水型企业（单位）的认定体系，大力开展节水型企业（单位）创建工作，是推动节水工作向深层次发展的重要措施。

摘自《中国水网》

留住池塘湖泊也是节水

一些地方搞开发区和城镇建设，封杀了许多池塘和湖泊，取而代之的是华丽的大厦和宽广的街道，从此城镇得了“慢性炎症”。其症状：

一是缺乏繁衍生息的自然美。水不仅养人养动物，还养天养地。虽然城市有自来水，但如果没有湖塘蓄水，就看不到“荷塘月色”，就谈不上繁衍的自然美。地表无水，空气干燥，微尘满天，人们享受居室之美，却失去空气之美。

二是缺水。城镇地面一般是建筑物和水泥硬化街道，若无池塘、湖泊蓄水，下雨时渗到地下的水很少，而城镇用水日增、地下水开采不断，导致地表下沉。

三是环境恶劣。因为湖塘蓄水可调节雨水和气候，若无池塘、湖泊蓄水，不但地表无水，也影响地下水回补，原来宜人的环境会变得恶劣。

因此，我们在各项建设中不要封杀湖塘，要尽力兴建蓄水、保水设施来保水养水。除保塘造湖外，也可在建筑物之上修建适当工程蓄住天然雨水，保持城镇中适宜人类生存需要的水分，以“养水”促节水，这是最大的节水。

雷云 湖南省衡山县政协

楼顶雨水别小看

每当要下雨的时候，我所居住楼房的40户人家就会把洗澡盆、水桶拿出来，放到从楼顶接下来的8根水管下接水。

一般的雨量，我家一次能收集半立方米水，我们用它来冲厕所能用一个星期，有时还可以循环利用，如先用来洗纱窗、擦洗地板、楼梯等，再用来冲厕所。可不能小觑这些水，简单算笔账：我们住的楼房是5个单元，整个楼顶面积是840平方米，以每年降水600毫米计算，整个楼顶一年要流下504立方米的雨水，分到每家是12立方米，相当于3个月的用水量，按照现在水价，总计2000多元。

只是举手之劳，就“节”出如此多的水。长期以来，人们把楼顶上的雨水浪费了，应当想方设法积极收集。

崔爱民 山东莱阳市绢纺厂

不放过雨雪水资源

我是一名水务工作者，深知珍惜用水的意义。在实际节水过程中，我家一方面“节流”——尽可能地减少用水，另一方面就是“开源”——不放过雨雪水资源。

我们这地方夏季的雨水较多，每逢下雨，我家便会在户外放几个大盆接雨水，一天足可以接上满满几大盆，然后，再用纱布做的过滤网过滤一

下，便可以用它洗衣服，剩下的水又能够冲洗厕所。它还可以刷洗车辆，或存下来在无雨时浇灌小花园。北方的冬天雪天较多，白雪遍地皆是，而室温较高，较易融化。每至下雪时，我们家总是“接”上几大盆端进室内暖化，再过滤一下，用于洗衣、冲厕。

这样，冬夏季节，“雨雪节水法”使我家既节约了水资源，又大大缩减了水费开支，何乐而不为呢？

宋雪亮 黑龙江省穆棱市水务局

孤岛上的“地下水库”

岳父家住在长海县一个不足4平方公里的孤岛上，四周被大海环抱，淡水资源十分缺乏。

2000年春节刚过，我们全家就召开了一次会议，“专题研究”岳父家吃水难的问题。大家决定，设计房檐接水，即在瓦房的四周镶嵌一圈不锈钢槽，其终端与屋檐下的大塑料管连接，塑料管的下面安装上过滤网，最后连接到院内的水泥地下蓄水

库。

接水工程刚竣工5天，便喜降大雨，一夜之间，地下水库就盛满了水。我们往水库里撒点漂白粉，经过一天的沉淀，地下水库便清澈见底。打上一桶水品尝。嗬，清凉、爽甜！房檐接水的故事很快就传遍了全岛。

日本、法国、美国等发达国家都通过多种途径加强雨水的综合利用。搞好雨水的储存和利用，是建设节水型社会的一个好措施。

贺传峰 辽宁省长海县科学技术协会

洗衣机巧节水

我家用上全自动洗衣机后，在享受省力、方便的同时，看着汩汩流走的水，也着实叫人心疼。

后来我便采取全自动洗衣机半自动使用的方法来节约用水。具体的方法是：自动排水洗衣机，漂洗两三分钟后，水就排走了。于是我选用单洗不排水的程序，这样可以有充裕的时间把漂洗衣服的水收集起来。两次漂洗也是如此操作，虽说耗时长些，但既可使衣服洗得干净，又可以保证每次的用水都能再利用。为接水，我们特意备了两个大小水桶，再加上孩子小时用的洗澡盆，接一缸水没问题。为保证每缸水都不浪费，常常是在第一缸水用得差不多了，再放第二缸。

洗衣机巧节水，您不妨也试一试？

阮会坤 上海市民

逼出来的"节水经"

我家住在一栋六层楼房的顶层。1993年初，家里的自来水管时常一天

只来一趟水。为此，我与自来水公司联系过多次，可公司方总这样答复：公司的水压就这么大。

没法子，我只好用两个水缸储水，并给自己立下三条规矩：一是增加水的使用次数。比如：淘米水可用来洗菜，洗菜水可用来洗碗，洗碗水可用来擦餐桌，擦桌水可用来冲厕所。二是限制用水的量。在我的生活中，刷牙要用的水该达到玻璃杯壁上的什么位置，浇阳台上的花该舀多少水，这些都算过，并定了自家标准。三是防漏。平时出门前，检查一下开关，防止人不在家时，自来水白白地流掉。这些规矩，我坚持了多年。

2003 年夏，自来水公司在水管线路改建中发现：我们住处的附近有管漏。从此，我家自来水每天来一次的局面终结了，但我这种节水习惯却保留了下来。现在，我家的水费在楼里是最低的。

虽然我的“节水经”是被逼出来的，但我从中却悟出一个理：节水要有意识，人一旦有了节水意识，节水也就变成了自觉的行动；否则，再好的节水技术和方法，也发挥不了作用。

朱兆坦 安徽省天长市公安局

新房里放只大水桶

买了套新房，尽管装修简单，一家老小还是喜笑颜开地搬了进去。大大的客厅，飘逸的窗帘，晶莹剔透的吊灯，照出人影的地板，让人心旷神怡。

然而，我把一个用过近10年、已变了颜色的大水桶带了进来，放在处处洁白的卫生间里，似乎很不谐调，大家都反对，但我把木桶略作点缀，仍坚持摆在那儿。

这只桶最初是我在老城居住时，因市政落后，白天水龙头常常闹别扭，拧不出水来，只得在夜里"滴答""滴答"地储存一些。后来，城市将黄河水引入供水系统，用水正常化了。可我对水已情深似海，不敢慷慨，仍然留着那桶储水，不过储存的是洗澡、洗衣的脏水了。我用脏水冲刷厕所，一月下来，与其他同等人口的家庭相比，能节约3吨多水，基本能抵上全家的饮用水量。节约水费姑且不说，因为这点钱数目不大，人人都可以承受。我高兴的是，日子久了，细算算，节约下的水等于又能生活一家人。

所以，这只桶，我爱不释手。

从自己做起，从点滴做起，节约一桶水就是给子孙留下多一天的欢乐。

夏凡

86岁老人的节水生活

在生活当中，处处注意节水。养成节约用水习惯，这很重要。

我是位86岁的老人，对一切浪费现象很看不惯。请来帮工，就教会帮工如何节约用水，我俩配合得很好，多年来，我们二人每月用水1~2吨，很少用到3吨水。

我住的是平房，下雨的时候，在屋檐下放许多桶，可以接许多水，所有大小盆全放满了水，可以用来浇花、擦地。洗衣服时一般用手洗，比用洗衣机要省许多水，如果洗大件被单什么的，用洗衣机也把水接到盆里，以便拖地板用，绝不让水流到沟里去。洗澡时在脚下放一个大盆，站在盆里洗，水再倒进桶里。每天洗脸、洗脚的水倒在桶里，都可以用来冲厕所；每次小便不冲完一箱水，也可节约水。

我种了许多花，很少用清水浇花。每天做饭、洗菜、洗锅的水倒进桶里，用来浇花，这样也会省不少水，洗菜水淘米水浇花很有好处，又养了花，还省了自来水，何乐而不为呢！

在生活中亲眼看见有的人洗衣、洗菜，龙头一开水哗哗流。卫生要讲，白流水也太浪费了。

为了节约用水，可以提高水价，但我认为这不是根本办法。从长远打算，还是以宣传、教育为主，思想认识提高了，全民节水就动起来了。

胡一琦　北京市德内大街延年胡同三号

我家冲厕不用净水

我的老家在山区，长年缺水。全村吃水要到几里外的井上去挑。我们家挑一趟水往返要走 3 里路，一天需要两挑水，所以仅为吃水每天就得负重走上 6 里路、花费 1 个小时。

每次回老家，我挑完一担水就累得气喘吁吁、浑身是汗，肩被压得通红生疼。但为了让父母少受点累，我总是忍住疼、咬紧牙关把水缸挑满。对自己费力挑来的水，用起来格外仔细，洗脸洗手后舍不得倒掉，接着用在别处。

乡亲们为免受挑水之苦，不少人便花上几千元钱打个水池接雨水。不过，干旱季节必须去拉水。拉一车水够吃一个月，但要花 30 多元钱；而再往山里去，我姥姥家那里拉一车水就得花 60 元钱。对“土里刨食”的农民来说，吃水实在是一项不小的开支。乡亲们都说，吃水比吃油还贵！

回到城里，拧开家里的自来水，我就会想起年过花甲的父母佝偻着身体艰难挑水的情景，就会想起乡亲们为吃水而付出比城里人多得多的代价。于是，对水格外珍惜。为节水，我专门买了几个大塑料盆，用于储存洗衣水。我还在厕所放了一个塑料桶，把刷碗水、洗衣水倒进桶里冲厕所。

由于采取了上述措施，我家全年没用净水冲过厕所，拖地差不多用的都是洗衣水，每月用水都保持在 3 吨之内，既节约了水，又省了钱，自己也感到踏实。因为与老家乡亲们相比，我们用水真可谓方便得多、便宜得多。那我们还有什么理由不节约用水呢？我打心底里觉得，浪费水，就是对父母、乡亲饱受缺水之苦的漠视，就是对幸福的不珍惜，就是犯罪！

徐红绛 河南省荥阳市房地产管理所

应把利用雨水作为基本国策

谈节水问题，首先应该明确一个概念，即“水，包括雨水。雨水也是我们的主要水源之一。”在我国，浪费水的现象十分严重，而大量的雨水白白流失，这同样是浪费水。

近年来，农村大量采用地下水，而农村积蓄雨水的设施，如池塘、涝池

等大量荒废或遭到破坏。雨水的流失不光是浪费了水，而且造成水土流失，增加了洪涝灾害的概率。积蓄雨水大有可为，可以广修水窖、池塘、水库，把雨水截留积存起来。这样，不仅积蓄了水源，还能减轻洪水灾害和保护土壤，这是造福于民的好事。

既然积蓄和利用雨水大有益处，我们就要把它当做大事来抓。这需要大量的投资，需要深入的宣传，需要复杂而大量的组织管理，是一项浩大的工程。因此，我建议把积蓄和利用雨水作为一项“基本国策”定下来，这样才能推开，才能见效。节流和开源须并重，积蓄、利用、节约雨水问题，望能引起各方的深思和关注。

田玉成 航天时代公司 771 研究所

养成好习惯

与浪费水有关的习惯很多，比如：用抽水马桶冲掉烟头和碎细废物；为了接一杯凉水，而白白放掉许多水；先洗土豆、胡萝卜后削皮，或冲洗之后再择蔬菜；用水时的间断（开门接客人、接电话、改变电视机频道等），未关水龙头；停水期间，忘记关水龙头；洗手、洗脸、刷牙时，让水一直流着；睡觉之前、出门之前，不检查水龙头；设备漏水，不及时修好。

据分析，一个家庭的成员只要注意改掉这些不良的习惯，就能节水 70% 左右。

管好自家水龙头。要经常检查家中自来水管路，防微杜渐，不要忽视水龙头和水管接头的漏水。发现漏水，要及时请人或自己动手修理，堵塞流水。一时修不了的漏水，干脆随时用总节门暂时控制水流。管好水龙头，把水龙头的水门拧小一半，漏水流量自然也小了，同样的时间里流失水量也减少一半。

北方的冬季，水管容易冻裂，造成严重漏水，应特别注意预防和检查。比如，被雨季洪水冲刷掉的覆盖沙土，冬季之前要补填上，以防土层过薄冻坏水管。屋外的水龙头和水管要安装防冻设备（防冻栓、防冻木箱等）。屋内有结冰的地方，也应当裹破麻袋片，缠绕草绳。有水管的屋子要糊好

门缝、窗户缝，注意屋内保温。一旦水管冻结了，不要用火烤或开水烫（那样会使水管、水龙头因突然膨胀受到损害），应当用热毛巾裹住水龙头帮助化冻。

洗淋浴五点要记牢：

1. 学会调节冷热水比例。

2. 不要将喷头的水自始至终地开着，更不应敞开着。

3. 尽可能先从头到脚淋湿一下，就全身涂肥皂搓洗，最后一次冲洗干净，不要单独洗头、洗上身、洗下身和脚。

4. 洗澡要专心致志，不要悠然自得，或边聊边洗，要记住：时间就是水！

5. 不要利用洗澡的机会“顺便”洗衣服、鞋子。在澡盆洗澡要注意，放水不要满，1/3 ～ 1/4 盆足够用了。

不玩耗水游戏。玩具是儿童的亲密伙伴，但是有的玩具（如喷水枪）需耗费水量，就不值得推荐，特别在水资源稀缺的地方，更不宜使用了。还有一些顽皮的青少年，在自来水的龙头下互相用水大打水仗，水花四溅，大量的水被浪费了。

凡雨

洗衣机节水有要领

洗衣机要节约用水，就必须减少漂洗次数，减少漂洗次数又涉及用电和洗涤剂的使用。水、用电量、洗涤剂的质量是目前洗衣机节约用水的相互关联的要素。目前尚难有明显的办法来确定洗衣机固定的用水量，但从洗衣机的正常洗涤程序和节约程序判别，水、电、时间是成正比的，减少漂洗次数和时间，又要达到干净的目的，同时又节约水电，唯一的办法是从清洗前的工作及使用的洗涤剂质量和功能上入手。

洗涤时间的长短，首先可通过织物的种类和衣物脏污的程度决定。其次，在清洗前对衣物进行浸泡后再投入洗衣机，衣物的关键部位，如袖口、领子先用人工搓几下，也可以减少漂洗次数。

对于洗衣粉，市场上品种较多，功能各异，可以从家庭的习惯及个人卫生的角度选择。但有一个关键的问题是洗衣粉的投放量（即洗衣机在恰当水位时水含洗衣粉的浓度）应掌握好，这是漂洗过程的关键，也是节水、节电的关键所在。

摘自《中国节水网》

知识链接

我国城市缺多少水

一般年份全国城市缺水总量达60亿立方米。

有关部门曾预计，中国缺水的高峰将在2030年，那时中国人口将达到15亿左右，人均水资源占有量将为1760立方米，中国将进入联合国有关组织确定的中度缺水型国家的行列。

每人每天用多少水

据统计，2005年城镇人均生活用水量为每日211升(含公共用水)。

七成浪费指间流走

专家指出，造成居民用水量大的主要原因是人们的生活习惯所致，家庭只要注意改掉不良的习惯，就能节水 70%。

用洗碗机更节水

假如有人提问：“用洗碗机和用手洗碗，哪个更省水？”估计不少家庭主妇会毫不犹豫地抢答：“当然是用手。”错！

英国科学家一项最新研究显示：使用洗碗机不仅比用手洗碗更经济、更节水，也许会成为解决困扰该国许多地区缺水危机的好办法。专家以一种强硬的口气说：“英国人必须改变传统的用水习惯。”调查发现，现在英国近 30%的家庭都在使用洗碗机，如果这一数字上升至 40%的话，全国每天将节水 7500 万升，可以满足一座中型城市的用水。

然而，作为一个“贫水大国”，中国国内洗碗机拥有率现仅为 0.025%。这个数字实在少得可怜。国内第一台洗碗机诞生于 20 世纪 80 年代，由于传统观念、消费水平和认识的限定，至今绝大多数中国主妇还是习惯于用手洗碗。鉴于水资源严重匮乏的现实，或许普及洗碗机不失为一项节水举措。所以，为了节省水资源，咱们就改改几千年来的这个生活习惯吧。

节水洗衣机普及率不到8%

最近的一次《中国消费者节水意识调研报告》显示，在北京、上海、广州等五大缺水城市抽样调查中，87%的被访家庭认为“节水是每个公民的义务”，72%的被访家庭觉得“节水是为环保作贡献”，但观念意识的另一面表现出来的却是一组耐人寻味的“赤字”：节水器具使用率普遍偏低，家庭有效节水的节水洗衣机使用率最高的上海仅达12%，调研总体来看，节水洗衣机使用率不到8%。

什么是“生物厕所”

生物厕所能直接将人的大小便和生活垃圾通过微生物降解进行彻底消化，免水冲、不排放、无污染。

生物厕所无需水冲，与一座两个蹲位的水冲公厕相比，一座生物厕所一年可节水730吨，同时，每年可节约清运等费用1万余元，一年可少污染36万吨清洁水。

生物厕所安装起来非常简便，不用管道，不受场地限制，在维护和管理方面与普通厕所相比可节约2/3的费用和时间。

声音

我国是水资源短缺的国家，城市缺水问题尤为突出。随着经济发展和城市化进程的加快，当前相当部分城市水资源短缺，城市缺水范围不断扩大，缺水程度日趋严重；与此同时，水价不合理、节水措施不落实和水污染严重等问题也比较突出。应切实加强和改进城市供水、节水和水污染防治工作，促进经济社会的可持续发展。

——2000年《国务院关于加强城市供水节水和水污染防治工作的通知》

无水洗车

“无水洗车”又称“汽车干洗”，把各种清洁养护材料喷在车上，用湿巾擦拭，干巾抛光，车辆就洁净如新。针对汽车的不同部位、不同材料使用不同的产品进行清洁、保养。整个洗车过程基本可以不用水，即使清洗满是泥浆的车辆，用水量也不会超过1升，是有水洗车的百分之一。

以深圳为例，深圳市有超过1000家大小洗车场，洗一辆普通5座轿车用水量约为200公斤。而据深圳市车管所统计，目

前深圳本地牌照的机动车已经超过 50 万辆，按照传统的洗车方法，每辆车平均 10 天洗一次，照此计算，年耗水高达 360 万吨，相当于深圳的西丽水库水量。更令人触目惊心的是，深圳的汽车保有量在以每年 10 万辆的速度增长。如果“无水洗车”得以全面推行，3 天就可以节省一个香蜜湖的水，同时可以减少等量污水排放。

日本人的节水经

日本人的节水意识已经渗透到了生活的方方面面。

先看日本的公共厕所。日本的厕所很注意节约用水，有很多地方冲洗厕所用的都是再生水，大多是工厂废水循环利用。这种使用再生水的厕所多在高速公路休息站。因为再生水的颜色发黄，一进去的时候人们或许会错认为是前面用过的人没有冲水，后来看了墙壁上贴的告示就会明白，原来使用的是再生水。

在家庭生活中，日本人也很注意节水。日本电视台曾播放过一些节水的节目，介绍的都是如何在日常生活中从小处节水

声音

城市是一个地区的政治、经济和科学、文化中心，而水是城市的生命线。城市人口密集，经济活动高度集中，用水需求量大，对供水保证率、供水水质、水环境质量和安全的要求很高；同时，城市地域范围小，集雨面积小，自产水资源量少，点源污染高度集中。因此，城市供水、节水和水污染防治的任务很重，难度很大。

——温家宝（2000 年 9 月 25 日，在全国城市供水节水与水污染防治工作会议上的讲话）

的知识。如洗完菜后要注意先关水龙头，然后再把菜放好，而不是先把菜放好再来关水龙头；做油炸食物后锅里沾满了油，洗起来很费水，要先用纸把油擦净后再用水洗，这样既可以节约用水，又可以减少对水源的污染。同时，吸了油的纸作为可燃垃圾，燃烧时可增加回收的热量。

日本的水龙头大多有伸手即出水的自动感应装置，不少水龙头是像淋浴喷头那样通过许多细孔喷水，这样既可满足洗手用水，又不浪费。

日本人用导管把屋顶的雨水引入设在地下的雨水沉沙槽，然后流入蓄水池，然后提升到中水（再生水）道里，供冲洗厕所等使用。目前，东京都、大阪府、福冈市、千叶县、香川县等不少地方政府都相继制定了条例，通过各种办法积极促进对雨水的利用。

看看德国、美国的雨水利用

雨水被称为“城市的第二水源”。与中水道、工业废水处理厂相比，雨水利用设施的有利之处在于规模小、技术处理简单、维修容易，而且水质较好。

德国的雨水利用研究始终位于世界前列。德国法律要求任何种类的新建小区，无论工业、商业还是居住小区，均需带有雨水利用设施。

美国的科罗拉多州、佛罗里达州和宾夕法尼亚州都制定了《雨水利用条例》，规定新开发区暴雨洪峰流量不能超过开发前的水平，所有新开发区强制就地滞洪蓄水。

第五章：节水必须重视水污染防治

“江南水乡”也闹“水荒”，您相信吗？长江三角洲可是中国水网最密的地区，但事实是坐落在这里的城市却纷纷宣告缺水。城市周围的水域受到了不同程度的污染，水脏了，没法用。这种水质型缺水，在“空气中也能拧出水”的珠江三角洲的一些城市也不同程度地存在。

据专家测算，排放1吨污水，不但会污染7~8吨净水，还需要10~20吨的净水来稀释。污水对水资源的“浪费”程度真是十分惊人！

如何解决不断增长的用水需求，减轻水污染压力？

防污治污是根本途径。防污治污，增加了可用水资源量，从另一个角度来看，就是一项很大的节水举措。

背景

我国七大水系水质状况令人担忧

2005 年，国家环境监测网报道，长江、黄河、珠江、松花江、淮河、海河和辽河七大水系的 411 个地表水监测断面中，Ⅰ～Ⅲ类、Ⅳ～Ⅴ类和劣Ⅴ类水质的断面比例分别为 41%、32%和 27%。其中，珠江、长江水质较好，辽河、淮河、黄河、松花江水质较差，海河污染严重。

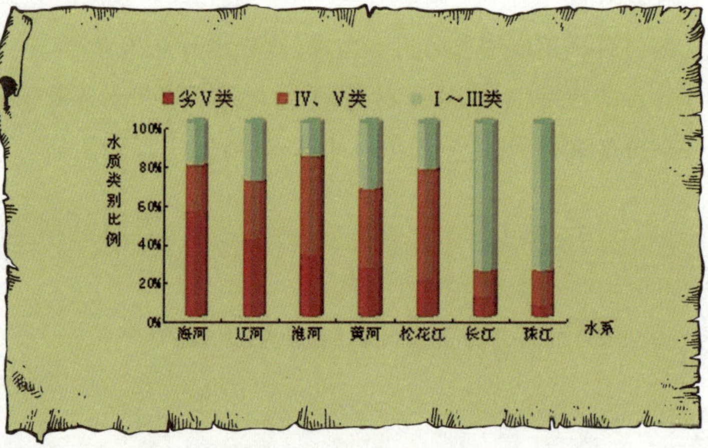

2005 年七大水系水质类别比例比较

长江水系：长江水系总体水质良好，长江支流总体属轻度污染。主要污染指标为石油类、氨氮和五日生化需氧量。

黄河水系：黄河水系属中度污染。黄河干流属轻度污染，黄河支流总体为重度污染。主要污染指标为石油类、氨氮和五日生化需氧量。

珠江水系：珠江水系总体水质良好。珠江干流、支流总体水质良好。主要污染指标为石油类、五日生化需氧量和氨氮。

松花江水系：松花江水系属轻度污染。松花江干流为轻度污染，松花江支流总体为中度污染。主要污染指标为高锰酸盐指数、石油类和氨氮。

淮河水系：淮河水系属中度污染，淮河干流整体水质属轻度污染，淮河支流总体上属重度污染。主要污染指标为高锰酸盐指数、五日生化需氧量、氨氮和石油类。

海河水系：海河水系属重度污染，海河干流为重度污染，海河水系其他支流为重度污染。主要污染指标为氨氮、石油类和五日生化需氧量。

辽河水系：辽河水系属重度污染，辽河干流属重度污染，辽河支流为重度污染。主要污染指标为氨氮、石油类和高锰酸盐指数。

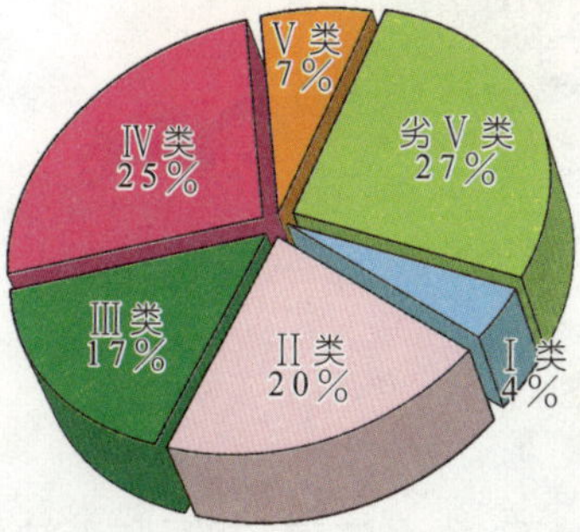

2005 年七大水系水质类别比例分布

广东：1600 万人饱受水质型缺水之苦

被誉为“空气中也能拧出水”的广东，近年来却面临着缺水的困扰，到 2010 年广东省缺水量将达到 82.6 亿立方米。

广东地处我国亚热带地区，雨量充沛，而且还有我国东南地区最大的水系——珠江穿境而过，其水资源总量为4190亿立方米，高居全国之首。

但是从20世纪80年代中后期开始，随着广东经济的迅猛发展，江河水污染日益严重，城市河道几乎“有河皆污”，水生态与水环境恶化。2003年以来，广东省的降雨量减少了30%，全省4大河流的水量创历史新低，严重的干旱又引发了咸潮上溯等诸多问题，破坏了淡水水质。这一切造成广东省1600万人水质型缺水。

江南水乡闹水荒

江南之美在于水。然而，水乡江南，却面临着缺水的困境，“江南水乡闹水荒”的现象在江浙地区尤为突出。

在浙北杭嘉湖地区，河网纵横，尤其有钱塘江、太湖和长江水可资利用，看似水源丰富，但近些年来，经济迅猛发展，用水量已远超出水资源的承受能力，加上水资源保护不当，大量水体遭污染，可利用的水资源急剧减少，用水矛盾突出。

在浙江境内甬江、姚江、奉化江三江交汇的宁波市，最缺水时一些运水车在日夜不停地奔跑着，将乡村河道里的水运进城里的各个企业。象山县著名的针织企业巨鹰集团，为了解决缺水困境，雇用了6辆载重24吨的大槽车，24小时不停地向厂里送水。

在著名的国际商贸城市义乌，市区有时每周正常供水仅9小时，人均水资源拥有量仅为全国平均水平的1/4。据称，在义乌有两样商品最好卖，即水桶和水泵。

无论是情愿还是不情愿，缺水，这一让水乡人感到无比陌生和尴尬的事实已经真实地摆在了人们的面前。杭嘉湖平原、宁绍平原、苏锡常平原等历史上的天府泽国，目前基本上处于程度不同的缺水状态，一些地区出现了水乡无水喝的尴尬局面，水资源危机给江南水乡社会经济的发展带来了严峻的挑战。

也许是生在水乡，感觉不到水的珍贵，很多企业的发展都是以对水源的高污染、高消耗为前提的，经济发展的代价异常沉重。对水资源的破坏不可避免地引来了自然界的报复，江南水乡遇上了和塞北边陲同样的境遇，不仅工业用水，连生活用水都成了问题，不同的是，这里不是没有水，而是有水却不能喝。面对严重的“缺水”困境，有人称，缺水已经击中了江南水乡可持续发展的软肋。

大家谈

节水优先 治污为本 多方开源

一是节水优先。这主要体现在控制需求，创建节水型社会。在国家发展过程中，选择适当的发展项目，建立“有多少水办多少事”的理念，杜绝水资源浪费。同时需要采用良好的管理和技术手段，提高水资源利用效率。积极发展节水的工业、农业技术，大力推广应用节水器具，发现并杜绝水的漏泄，包括用水器具及输水管网中的漏泄。

二是治污为本。这要求我国的水污染防治战略应尽快实行调整，从末端治理转向源头控制和全过程控制。我国目前还有大量的工业企业仍然

是粗放型的生产模式，工业废水处理并不理想，即便实现了达标排放，还是有大量的污染物排入了江河湖泊中，污染程度已经超过了河流湖泊自身的环境容量。随着经济的发展，工业废水的排放量还要增长，污染物也会随着增加。如果大力推行清洁生产，实行污染物排放的源头控制和全过程控制，污染物排放会有较大幅度的削减，工业生产也可以做到增产不增污。

三是多渠道开源。这主要指开发非传统水资源。为了提高供水能力，过去主要着眼于传统水资源的开发，即当地的地表水和地下水开发，当发现地下水水位持续下降和地表水逐渐枯竭后又想到远距离调水。远距离调水除了需要十分昂贵的基建投资和运行费用外，还有施工、管理等各方面的困难，同时生态影响是近年来人们关心的又一重要问题。现在世界各国纷纷转向非传统水资源的开发。非传统水资源包括：雨水、再生的污废水、海水、空中水资源。

钱易 中国工程院院士

推广使用中水是节水的重要内容

推广使用中水是节水的重要内容，实现中水利用应从以下几个方面加强工作。

一是加强科学技术研究和法规、法制体系建设。加强污水处理回用技术的研究，尤其是加大技术标准、技术法规编制的投入，是推动中水发展的有效途径。政府除了培育中水利用市场，创造良好的法律环境外，还应该提供展示中水技术的平台。

二是注重政府的宏观调控，提高社会管理和公共服务水平。当前，要把有关中水设施建设的规定落到实处，明确中水在建设节水防污型社会中的地位，确定其使用范围、建设标准和要求，制订中水回用的奖惩办法，明确各部门在中水建设、审批、运行管理中的职责划分，相关部门要严格把关，杜绝逃避建设中水设施的漏洞。采用法规形式赋予节约用水办公室监督中水使用的责任和相应的鼓励及处罚权，使居民用上“放心中水”。

三是充分利用经济杠杆，发挥市场的引导作用。中水设施建设要探索以市场融资为主，或采用BOT模式，鼓励各种所有制经济积极参与投资和经营，以实现投资主体多元化、运营主体企业化、运作管理市场化，形成开放式、竞争性的建设运营格局。

四是大力提高公众意识，推进公众参与。中水利用涉及方方面面，应加大中水利用的宣传力度，使广大群众认识中水，了解中水，积极参与中水的使用。水资源管理部门要把推广使用中水作为节约用水的重要内容，大力宣传中水的节水效益、环境效益和资源效益。与此同时，向全体市民普及中水利用的技术、水质标准等常识，介绍国内外成功的中水利用实例，减少人们对污水处理回用的种种顾虑，树立使用中水的信心。

刘心爱

游滇池所想到的

2005年3月27日，我到昆明游滇池，从大观楼乘游艇前往海埂民族村。近在咫尺的滇池水，绿中泛黄，污浊不堪。游艇过后，泡沫翻飞，搅起一些浑浊的蓝藻和水草。到了海埂民族村，我竟然闻到了水面上飘过来令人作呕的一阵阵恶臭，美丽的滇池完全没有“春来江水绿如蓝”的景致。

五百里滇池，少说也蓄有数十亿立方米的水，如果它还是清洁干净的Ⅰ～Ⅱ类水质，这么多的水，能帮助我们解决多少生产生活中的用水之急呀！而如今受到严重污染的滇池水，用来浇地都有点嫌脏了，这么多的水受到污染，不能为我们的生产生活提供服务，这才是水资源的极大浪费。

类似的情况恐怕全国各地都有，就因为一个化工厂、化肥厂或是造纸厂，就把一条清澈见底的小溪或小河给毁了！水从此不能再饮用，用来灌溉庄稼农作物，产量一年比一年低。若将这些受污染河流的水累计起来，那肯定是一个非常惊人的数字。

所以，节水，小处则从一家一户、一点一滴做起，大处应从树立环保意识、依法治污、加大环境执法力度做起。

普显宏　云南省楚雄彝族自治州南华县

我给抚顺建设节水防污型社会支几招

辽宁省抚顺市是一座历史悠久的综合性工业城市，水利事业在新中国成立后特别是改革开放以来有了长足发展，已经成为全面建设小康社会的重要保障。

结合对新水法的学习领会和抚顺水资源问题的实际，我认为抚顺建立节水防污型社会，应着重从以下几个方面开展工作。

一是要按照新水法的规定，把发展节水型工业、农业和服务业与建立节水型社会作为总目标，在建立节水型城市上应把握三方面的基本内涵：生产、生活和生态用水都要逐步建立国内通常采用的节水工艺和技术设备应用制度；逐步淘汰落后的耗水量大的工艺、产品和设备；治污既要有对排污总量的限制，又要有污水净化处理的措施，还要有防治生活垃圾、固体废料对河水、地下水污染的措施。

二是运用法律武器和价格杠杆两种手段对节水和治污开展工作。要坚决贯彻、认真实行水法中有关计划用水和超定额用水累进加价制度的规定，用价格的杠杆作用使超额用水者付出更高的成本代价，促使人们千方百计节水。要严格限制工业排污，对不经治理随意排污的不但要给予严厉的经济处罚，还应责令其停产整顿，直至达标为止。

三是倡导简约的生产生活方式，减少水资源的消耗和污染量的产生。

四是要运用科技手段节水防污。在农业上要选用耐旱品种，采取农艺抗旱措施，采用先进的防渗渠道和喷滴灌技术等。在治污上一方面要在控制污染源上下工夫，对现有生活垃圾堆放场要做好防治污染的技术处理，一方面还要在生物净化上做文章，发挥生物的净化、降解功能。

五是要加强对全社会的节水、防污教育。首先要在各级党政领导和企业领导中树立节水防污的观念和意识，避免决策失误。其次，要加强节水防污的宣传工作，使广大市民和中小学生树立水危机意识，从自身做起，从细微处做起，人人都能自觉地节水和防污。

刘桂玲

知识链接

什么是水污染

水污染是指一定量的污水、废水、各种废弃物等污染物质进入水域，超出了水体的自净和纳污能力，从而导致水体及其底泥的物理、化学性质和生物群落组成发生不良变化，破坏了水中固有的生态系统，破坏了水体的功能，从而降低水体使用价值的现象。

水污染有哪几类

划分水污染类型的方法很多，主要有：

1. 按水存在形式划分，有地表水污染与地下水污染。
2. 按污染物属性划分，有物理水污染、化学水污染和生物水污染。
3. 按水域分类，有河流污染、湖泊污染、水库污染、海洋污染等。
4. 按污染源分布和排放特点分类，有点源污染、面源污染和扩散性污染。

水的污染源有哪些

未经处理而排放的工业废水。

未经处理而排放的生活污水。

大量使用化肥、农药、除草剂的农田污水。

堆放在河边的工业废弃物和生活垃圾。

天然污染物。火山爆发和特殊地层，会使某些有毒物质进入水体。

大气中污染物种类也很多，可以直接降落或溶于雨雪后降落入水体。

水污染可能导致哪些疾病

癌症——亚硝酸化合物、三氯甲烷

肝病——工业废水及农药所含的毒性有机物、重金属等

结石——高硬度的地下水

心血管疾病——高含量的无机盐

痴呆症——金属铝等

骨骼症——重金属镉

造血系统疾病——重金属

内分泌紊乱——毒性有机物、高含量的无机盐、重金属等

声音

国务院有关部门和地方各级人民政府，必须将水环境保护工作纳入计划，采取防治水污染的对策和措施。

——1996年修订的《中华人民共和国水污染防治法》

洗衣粉、洗涤剂会导致水污染吗

磷是所有的生物生长所需的重要元素，而自然界中，磷元素很少。若大量使用含磷洗衣粉，排放的含磷污水进入湖泊之后，会导致水污染。

——会使湖中的藻类获得丰富的营养而急剧增长，这种现象被称为水体富营养化。

——导致湖中细菌大量繁殖。疯长的藻类在水面越长越厚，终于有一部分被压在了水面之下，因难见阳光而死亡。湖底的细菌以死亡藻类作为营养，迅速增殖。

——致使鱼类死亡，湖泊死亡。大量增殖的细菌消耗了水中的氧气，使湖水变得缺氧，依赖氧气生存的鱼类死亡，随后细菌也会因缺氧而死亡，最终是湖泊老化、死亡。

家庭和餐馆大量使用的餐具洗涤剂，大多数是石油化工的产品，难以降解，排入河中不仅会严重污染水体，而且会积累在水产物中，人吃后会出现中毒现象。

使用1吨水会产生多少吨污水

据测算，使用1吨水大致会产生0.8吨污水。节约用水和中水回用不仅充分利用了水资源，而且可以减少污水的排放量，从源头着手防污治污，减轻水污染程度。

水环境质量如何分类

我国地表水环境质量标准共分五类：

Ⅰ类适用于源头水和国家自然保护区；

Ⅱ类适用于集中式生活饮用水水源地一级保护区、珍贵鱼类保护区和鱼虾产卵场等；

Ⅲ类适用于集中式生活饮用水水源地二级保护区、一般鱼类保护区及游泳区；

Ⅳ类适用于一般工业用水区及人体非直接接触的娱乐用水区；

Ⅴ类适用于农业用水区及一般景观要求水域。

如何用化学方法处理污水

> **声音**
>
> 始终把节水、治污放在首位。搞好南水北调工程，节水是前提。
>
> ——温家宝（2003年，在国务院南水北调工程建设委员会第一次全体会议上的讲话）

化学法就是利用化学作用使有毒、有害废水转为无毒无害水或低毒水的一种方法，主要有酸碱中和、混凝、化学沉淀、氧化还原等。

酸碱中和法是指采用加碱性物质处理酸性废水，加酸性物质处理碱性废水，让两者中和后，加以过滤可将废水基本净化。

混凝法指将污水中加入明矾，充分搅拌，使带电荷的胶体离子沉淀下来。

化学沉淀法是在废水中加入化学沉淀剂，使之与废水中的重金属污染物发生反应，以生成难溶的固体物而沉淀。

氧化还原法是加入化学氧化剂或还原剂，有选择地改变废水中有毒物质的性质，使之变成无毒或微毒的物质。

电化学法是利用电解槽的化学反应，处理废水中污染物质的一种技术，包括电解氧化还原、电解凝聚等不同的过程。

如何用物理法处理污水

物理处理法就是利用物理作用除去污水中的漂浮物、悬浮物和油污等，同时从废水中回收有用物质的一种简单水处理法。常用于水处理的物理方法有重力分离、过滤、蒸发结晶和物理调节等方法。

重力分离法指利用污水中泥沙、悬浮固体和油类等在重力作用下与水分离的特性，经过自然沉降，将污水中密度较大的悬浮物除去。

离心分离法指在机械高速旋转的离心作用下，把不同质量的悬浮物或乳化油通过不同出口分别引流出来，进行回收。

过滤法是用石英砂、筛网、尼龙布、隔栅等作过滤介质，对悬浮物进行截留。

蒸发结晶法是加热使污水中的水气化，固体物得到浓缩结晶。

磁力分离法是利用磁场力的作用，快速除去废水中难于分离的细小悬浮物和胶体，如油、重金属离子、藻类、细菌、病毒等污染物质。

防治地表水污染的措施有哪些

禁止向水体排放油类、酸液、碱液及剧毒废液；

禁止在水体中清洗装贮过油类或毒物的车辆和容器；

禁止将含汞、镉、铬、砷、铅、氰化物等的可溶性剧毒废渣排放或不作防渗处理而直接埋入地下；

禁止向水体倾倒工业垃圾、生活垃圾或其他废弃物；

不得在水体最高水位线以下的滩地和岸坡上堆存废弃物；

禁止向水体排放带有放射性物质的废水；

不得向水体排放足以引起热污染的废水；

不得向水体排放带有病毒又未经消毒的废水；

使用农药要可靠安全，不得污染水体；

农灌水要符合有关规定；

船舶的各类废水必须符合排放标准，不得向水体排泄油污。

水葫芦对污水有净化作用吗

水葫芦又名凤眼莲，它的老家在南美的委内瑞拉，足迹遍及50多个国家。我国江南水乡多有养殖，用做猪的饲料。水葫芦属于雨久花科。由于它的茎中海绵组织发达，大量充气，所以能成为起立或漂浮草本植物。夏季开花，穗状花序，有6~12朵花。

水葫芦对人类最大的贡献是净化污水，分解有毒物质，保障人体健康。据实验证明，1公顷水葫芦，24小时内可从污水中吸附34公斤钠、22公斤钙、17公斤磷、4公斤锰、2.1公斤酚、89克汞、104克铝、297克镍、321克锶……还有较强的吸收和积累锌的能力。据实验，水葫芦在含锌10毫克/升的污水中栽培38天，它体内含锌量比对照植物要多133%。水葫芦还能将酚、氰等有毒物质分解成无毒物质。

除水葫芦外，水葱、浮萍、菹草、金鱼藻、芦苇、空心苋、香蒲等植物也有较好的净化污水能力。

触目惊心的水污染事件

水俣病事件

1950年，在日本水俣湾附近的小渔村中，发现大批因精神失常而自杀的猫和狗。1953年，水俣镇发现了一个怪病人，开始时步态不稳，面部呆痴，进而是耳聋眼瞎，全身麻木，最后精神失常，一会儿酣睡，一会儿兴奋异常，身体弯弓，高叫而死。1956年又有同样病症的女孩住院。调查发现原来是当地一个化肥厂在生产氯乙烯和醋酸乙烯时，采用成本低的汞催化剂工艺，把大量含有有机汞的废水排入水俣湾，使鱼中毒，人和猫、狗吃了毒鱼生病而死。1972年日本环境厅公布：水俣湾和新县阿贺野川下游有汞中毒者283人，其中60人死亡。

痛痛病事件

1955—1972年，在日本富山县神通川流域两岸出现了一种怪病，患者中妇女比男士多，患上此病，则全身骨骼疼痛，不能行走，故取名为“痛痛病”。经调查，这是一种镉中毒事件，起因是附近的电镀厂、蓄电池制造厂、熔接工厂、采矿工业等含镉的废水未经适当处理而排放，污染了神通川水体，两岸居民利用河水灌溉农田，使稻米和饮用水含镉而中毒，1963年至1979年3月共有患者130人，其中死亡81人。

化工厂事件

1986年位于莱茵河上游的瑞士一座叫做桑多兹的化工厂仓库失火，有10吨杀虫剂和含有多种有毒化学物质的污水流入莱茵河，其影响达500多公里。

金矿事件

> **声音**
>
> 加大污染治理和环境保护力度。继续搞好“三河三湖”（淮河海河辽河、太湖巢湖滇池）、渤海、松花江、三峡库区及上游、南水北调水源及沿线等重点流域和区域污染治理。禁止污染企业和城市污染物向农村扩散，控制农村面源污染。
>
> ——温家宝（2007年，在第十届全国人民代表大会第五次会议上作的政府工作报告）

2000年，罗马尼亚边境城镇奥拉迪亚一座金矿泄漏出氰化物废水，流到了南联盟境内。毒水流经之处，所有生物全都在极短时间内暴死。流经罗马尼亚、匈牙利和南联盟的蒂萨河及其支流内80%的鱼类完全灭绝，沿河地区进入紧急状态。这是自苏联切尔诺贝利核电站事故后欧洲最大的环境灾难。

淮河水污染事件

淮河自1978年以来发生的多次重大污染事故：

1989年，1.1亿立方米的污水经蚌埠闸下泄，形成60公里污水带，淮阴市经济损失1250万元；

1994年，发生震动全国的“7·23”特大污染事故，持续时间55天，污染农田5000余亩，经济损失1.7亿元；

2001年，淮河上游1.44亿立方米污水形成20余公里污水带，水利部门从骆马湖调水8亿立方米补进洪泽湖；

2002年，1.3亿立方米污水下泄，仅盱眙受污染的水面就达5.3万亩。

沱江水污染事件

沱江是流经天府之国进入长江的一条河流，绵延600多公里，途经四川盆地的重要农业区。而毗河是位于它上游的支流。2004年2月底3月初，毗河、沱江两岸居民发现江水变黄变臭，许多地方泛着白色泡沫，江面上还漂浮着大量死鱼。大量高浓度工业废水流进沱江，造成四川 5 个市区近百万老百姓顿时陷入了无水可用的困境，直接经济损失高达 2.19 亿元。

何为绿色 GDP

绿色 GDP，指用以衡量各国扣除环境资源损失后新创造的真实国民财富的总量核算指标。简单地讲，就是从现行统计的 GDP 中，扣除由于环境污染、自然资源退化、教育低下、人口数量失控、管理不善等因素引起的经济损失成本，从而得出真实的国民财富总量。

绿色 GDP 不仅能反映经济增长水平，而且能够体现经济增长与自然保护和谐统一的程度，可以很好地表达和反映可持续发展观的思想和要求。绿色 GDP 占 GDP 的比重越高，表明国民经济增长的正面效应越高，负面效应越低。

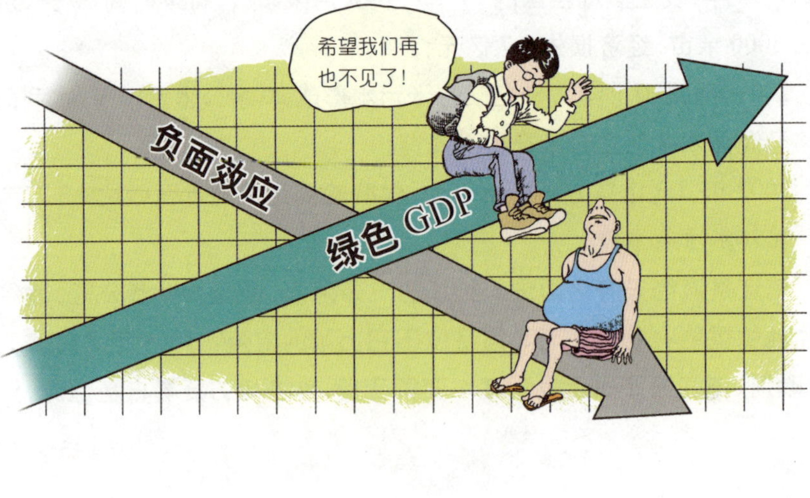

第六章：节水型社会建设是一场革命

一个人做某件事情要有动力，一个社会做某件事情也要有动力。动力来自两个方面，一方面是靠自觉、靠道德和良知的引导；另一方面是靠外界的约束和激励，并把这种约束和激励转化为自觉的行为。

在水量不变的情况下，要保证工农业生产用水、居民生活用水和良好的水环境，就必须建立节水型社会。区别于传统意义的节水，节水型社会建设根本上是要建立一整套制度，建立一种体制、机制，使得各行各业、社会成员受到普遍的约束，需要去节水；通过制度创新，使得全社会能够获得制度的收益，愿意去节水，使节水成为用水户自觉、自发的长效行为。

可以说，建设节水型社会，是一场中国用水方式的历史性革命。

背景

为什么要建设节水型社会

我国水资源短缺的特点、水资源开发利用状况、经济社会发展和环境的要求，决定了解决我国的水资源问题，必须走节水型社会建设之路。我国是个缺水的国家，一方面我们严重缺水，另一方面我们的水资源利用方式粗放，用水效率不高，浪费严重。近年来，严重的水污染进一步加剧了水资源短缺的状况。建设节水型社会，是基于我国水资源现状作出的保障我国经济社会可持续发展的必然选择，其意义绝不亚于建设三峡工程和南水北调工程。

十六届五中全会强调，要加快建设资源节约型、环境友好型社会，而节

水型社会建设是其重要组成部分。为全面促进水资源的优化配置、高效利用与有效保护，为推进节水型社会建设步伐，水利部出台了关于开展节水型社会建设试点工作的指导意见，提出通过进行试点建设，积极探索建立节水型社会的新机制，在取得试点经验的基础上再逐步全面推广，力争用10~20年的时间，初步建立起与小康社会相适应的节水型社会。

节水型社会试点建设初见成效

“十五”时期，水利部确立了甘肃省张掖市、四川省绵阳市、辽宁省大连市等12个全国节水型社会建设试点。通过典型引路、经验推广，重点推动了河西走廊、东部沿海、南方水污染严重地区和南水北调东中线受水区的节水型社会建设，取得了初步成效。以张掖试点成功建设为代表，初步摸索总结了一套我国节水型社会建设的基本制度，初步回答了什么是节水型社会，要不要、能不能建设节水型社会，以及如何建设节水型社会的问题，为建设中国特色的节水型社会奠定了基础。

2006年11月16日，水利部批准了全国30个区市成为新一批试点。至此，节水型社会建设在全国全面铺开。新试点将坚持以水权水市场理论为指导，推进总量控制和定额管理等水资源管理制度建设，采取行政、法律、经济、技术和教育宣传等综合措施，不断提高水资源利用效率和效益。

“十一五”期间，我国将进一步扩大试点规模和范围。建设100个全国节水型社会试点。

建设节水型社会的主要任务

建设节水型社会的主要任务是要建立三大体系。

第一，建立以用水权管理为核心的水资源管理制度体系。建立政府调控、市场引导、公众参与的节水型社会管理体制；建立和完善用水管理制度，包括用水总量控制和定额管理制度，水权分配、转让和管理制度，科学的水价制度，取水许可制度、水资源有偿使用制度、水资源论证制度，排污许可制度和污染者付费制度，节水产品认证和市场准入制度，用水计量与统计制度等。

第二，建立与区域水资源承载能力相协调的经济结构体系。充分考虑水资源条件，科学制订区域社会经济发展规划，调整经济结构和产业布局，实现从“以需水能力定供水能力”到“以供水能力定经济结构”的转变。

第三，建立与水资源优化配置相适应的节水工程和技术体系。开发与推广先进实用的节水技术、材料、设施，建设生产、生活节水工程，加强非传统水源开发工程的建设。

未来15年的建设目标

未来15年将是我国节水型社会建设的关键时期。规划的蓝图是：

到2010年，水资源利用效率和效益明显提高，万元GDP用水量年均降低6%以上；全国农业灌溉水有效利用系数从0.45提高到0.5，全国农业灌溉用水基本实现零增长；工业万元增加值用水量从173立方米降到115立方米以下；服务业用水效率接近同期国际先进水平。

到2020年，初步建成与小康社会相适应的节水型社会，力争实现经济社会发展用水零增长，在维系良好生态系统的基础上实现水资源的供需平衡。

大家谈

建设节水型社会是水资源可持续利用的根本出路

一个地区、流域的水资源总量是相对稳定的，客观存在着水资源承载能力和水环境承载能力，缺水和与水有关的水生态与水环境问题，其实质就是承载能力不足。我国2/3的国土面积属于资源型缺水，一些缺水地区水资源利用已经超过极限，再加大开发力度，将进一步把已经破坏的生态、环境推向毁灭的边缘。在远距离调水条件有限的情况下，只有以内涵挖潜为最主要手段，以提高水资源承载能力。这种内涵的手段包括污（废）水处理利用、劣质水利用、减少浪费，提高水的利用率以及对水资源进行节约、保护和配置，来提高和改善水资源承载能力。

我国水资源紧缺与浪费并存，存在很大的节水空间。不同作物、不同地区同一作物、不同灌溉方法、不同管理体制和管理水平的灌溉定额相差很大；不说渠道水利用系数很低，城市自来水的漏失率也在20%以上；不说与发达国家相比相差极大，我国不同城市同样产品万元产值耗用水量相差可达十几倍，水的重复利用率相差数倍；不处理排放，60%～70%的用水量就成了污（废）水，城市地表水体90%以上、地下水97%以上受到不同程度的污染。所以，我国“十五”计划中强调：“水资源可持续利用是我国经济社会

发展的战略问题，核心是提高用水效率，要把节水放在突出位置”。要以水资源的高效利用实现水资源可持续利用，以水资源可持续利用保障农业和国民经济的可持续发展。

摘自《节水型社会建设知识问答》

节水型社会建设的核心是制度建设

节水型社会的本质特征是建立以水权、水市场理论为基础的水资源管理体制，形成以经济手段为主的节水机制，建立起自律式发展的节水模式，不断提高水资源的利用效率和效益，促进经济、资源、环境协调发展。建设节水型社会是对生产关系的变革，是制度建设，是一场革命。

节水型社会和通常讲的节水，都是为了提高水资源的利用效率和效益，但传统的节水更偏重于节水的工程、设施和技术等措施，偏重于发展节水生产力，主要通过行政手段来推动，而节水型社会主要通过制度建设，注重对生产关系的变革，注重经济手段的运用。

节水型社会制度建设要解决的是全社会的节水动力和节水机制问题，使得各行各业、社会成员受到普遍的约束，需要去节水；使得全社会能够获得制度的收益，愿意去节水，使节水成为用水户自觉、自发的长效行为。

无论是缺水地区，还是丰水地区，都要建设节水型社会

节水是减少污水排放的主要措施，无论水资源短缺的地区还是水资源丰富的地区，都需要建设节水型社会，提高水资源的利用效率和效益。

粗放的用水方式是粗放的经济增长方式的表现，节水型社会建设，可以推动产业结构调整，促进经济增长方式转变，降低发展成本。丰水地区的水资源丰富是相对的，就全国而言，水资源是宏观稀缺的，任何地方都没有浪费水资源的权利。

丰水地区和缺水地区建设节水型社会，目的都是为了提高水资源利用效率和效益。

不同的是：

缺水地区：

水权分配受控于“宏观控制指标”，可以充分利用水权交易市场，实现水资源的优化配置。

丰水地区：

水权分配取决于“微观定额指标”，可以充分发挥水价的调节作用，提高水资源的利用效率。

节水型社会建设是全社会的共同行动

节水型社会建设涉及不同地区、不同行业、不同产业、不同用户，涉及人口资源环境的协调发展，涉及千家万户的根本利益，需要政府强有力的领导，需要各部门的密切协作，需要全社会的共同行动。

第一，政府要发挥主导作用。中央制定原则，地方负责落实。一是要把建设节水型社会作为各级政府的任期目标，建立健全水资源节约责任制，做到层层有责任，逐级抓落实。二是要制订规划，抓好试点，分步推进。编制好《“十一五”全国节水型社会建设规划》，继续开展节水型社会建设试点工作，到2010年，初步建成一批国家级节水型社会试点和示范区。三是要加大政策支持力度。健全法规体系，制订完善标准，对高耗水、高污染项目，实施严格的产业准入标准与整改要求；实行阶梯制水价制度和超计划、超定额用水收费制度，推进农业用水价格改革；建立水资源开发利用的生态补偿机制，积极推行有利于水资源节约和保护的财税政策。四是要加大投入力度，拓宽投融资渠道。包括农业节水灌溉、大中型灌区节水改造、流域水量分配控制性工程等节水型社会建设硬件方面的资金投入，以及规划与前期工作、制度建设、科学研究、技术开发等软件方面的财政支持，鼓励国外资本和民间资本投入节水型社会建设。

第二，社会公众要发挥主力军作用。节水型社会建设与我们每个人都息息相关，需要社会公众的广泛参与。一要进一步提高公众对我国水情的认识，深刻认识到我国水资源短缺的严峻形势，增强节水意识。二要积极参与节水型社会建设的规划、政策制定，主动配合实施，创建节水型城市、节水型社区、节水型企业，特别是政府机构、企事业单位等集团消费，应优先采购和推广节水型产品，并努力倡导节水行动。三要倡导文明的生产和消费方式，强化自我约束和社会约束。每个人都应当形成良好的用水习惯，同时要对浪费水、污染水的不良行为进行社会监督，形成“浪费水可耻、节约水光荣”的社会风尚，建设与节水型社会相符合的节水文化。

以上三篇摘自水利部汪恕诚部长2006年5月16日在中宣部等六部委联合举办的形势报告会上的报告

处理好政府、市场和社会的关系

我国目前以稀缺的水资源和脆弱的水生态与水环境，支撑着人类历史上最大规模的人口，负担着历史上最大规模的人类活动，面临着历史上极为严峻的水危机。中国在未来20年全面建设小康社会的进程中，以及未来50年迈向中等收入国家的道路上，水资源短缺和水环境污染将长期制约经济社会发展。

我国水资源严重短缺与用水严重浪费的现象普遍共存，建设节水型社会已经成为国家可持续发展的战略选择。2001年初，由43位院士和300名专家提交的《中国可持续发展水资源战略研究报告》认为，解决我国水的问题，核心是提高用水效率，建设节水型社会，确立节流优先、治污为本、多渠道开源的指导原则。国家“十五”计划纲要明确提出要建设节水型社会。2002年8月修订的新《水法》规定，要发展节水型工业、农业和服务业，建立节水型社会。

建立节水型社会的核心是建立有效的制度安排。节水意识和观念的全面树立、节水投入的大幅度增加、节水技术的大规模普及，只有在一个有效的制度框架下才可能发生。2001年初，水利部领导就提出“明晰水权，建立两套指标体系，实施总量控制和定额管理”的改革思路，作为指导节水型社会建设的理论依据。这套思路可以归纳为以下三个方面。

第一，确立总量和定额两套指标。一套是宏观的总量指标，把用水指标逐级分解，把水资源的使用权量化到每个流域、每个地区、每个城市、每个单位。另一套是微观定额指标，结合总量指标，核定单位工业产品、人口、灌溉面积的用水定额。两套指标同时实施，实行总量和定额双控制，把水权落实到每一个用水单元。

第二，运用多种手段保障水权的实施。两套指标确立后，就要采取法律、经济、行政、科技等手段，使控制指标成为每一个用水单元的权利依据。在市场经济条件下要特别强调经济手段的运用，实行基本水价和超定额用水累进加价。

第三，允许水权流转形成水市场。用水户和用水单元节约的水量可以有偿转让，这样就形成了水权市场。水权市场可以发生在用水的各个层面，例如地区之间、城市之间、单位之间、用户之间。

建立有效的节水型社会运行机制，就是要正确处理水资源利用和管理中政府、市场和社会的关系，建立三者鼎足而立和有机结合的水治理结构。

在市场经济条件下，需要迅速扩大市场在水资源配置中的作用，但市场要在政府调控之下发挥作用，转型期的水市场是一个“准市场”。在这个

过程中，政府的作用至关重要。从传统用水粗放型社会走向现代节水型社会，要求政府运作方式经历“四个转变”。一是从分割管理转向统一管理；二是从工程建设管理转向宏观调控。水公共部门要政企分开、政社分开；三是从排斥市场转向市场友好；四是从封闭决策转向参与透明。

胡鞍钢 王亚华

用水者协会——农民参与节水型社会建设的好形式

建设节水型社会，这里面的大学问，我们老百姓不太懂，但要说珍惜水、节约用水，这可是天经地义的事。拿我们民乐（甘肃省民乐县）来说，过去人口少，耕地也少，雨水多的年辰，山坡、荒地上草木长得旺，浇地用水没有现在这么稀缺。现在，人丁增了，开发的耕地多了，虽然县上又修了好几座水库，可浇水却越来越吃紧和困难了。

2000 年 10 月，我们彭庄村在县乡政府、灌区和村委会的帮助指导下，由全体用水户直接参与，共选出 71 名会员，13 名会员代表，然后召开会员代表大会，用不计名投票的办法，选出了协会会长、副会长，组成了协会执行委员会，产生了我们自己的灌水组织——彭庄村农民用水者协会。几年来，我们深深体会到，农民用水者协会在运行当中，只要能得到上级政府、灌区和村委会的有力支持，正确行使民主管理的权力和职责，就一定能在管水用水方面发挥积极作用，给老百姓带来一定的好处。我们的具体做法和切身感受是：

第一，立规矩，定章法，照着制度办，大家说了算，配水用水合理了，老百姓心里舒坦了。协会成立后，在灌区的统一指导下，在村委会的协调帮助下，我们讨论制定了《彭庄村农民用水者协会章程》《用水管理制度》等规章制度，人人参与，人人负责，共同管水用水。这样一来，用水纠纷减少了。

第二，明水权，定方量，水的浪费减少了，保灌面积增多了。以前，每家每户水权不明确，水量没有分配到户，人们普遍有大水深灌的思想。协会成立后，会员们互相商量，合理调整渠道布局，实行连片种植，连片灌水。同时，洪水河灌区按照核定面积，给每一户发放了水权证；协会配合村委会又按照水权证将水量定额分解到户，严格计量。

第三，明账目，勤结算，水费管理透明了，老百姓负担减轻了。过去，配水、管水由村委会全权负责，群众参与意见少，对好多事情不清楚。现在，每轮水前我们都召开会员代表大会，通过村委会及时向用水户公布配水、放水、收费情况。由于账务透明、节约用水，人均承担的水费明显降低。账务公开，水费的收缴也不再是难事。

第四，调结构，变产业，科学用水的意识增强了，水的买卖和交易产生了。我们洪水河灌区，一座双树寺水库浇灌着近30万亩土地，每年春季来水量少，夏灌特别紧张。以前，县上号召进行产业结构调整，但是很多人觉得守着原来的经、种着老式的粮心里踏实。现在人们的观念渐渐变了，在村委会的号召和带领下，村里人逐渐改变了过去单一的种植品种，增加了各类能节水、收效好的经济作物，有些还形成了连片种植规模。去年，全村种植面积1180亩，仅中药材就有430亩。部分结构调整搞得好的群众，还节约了一些水，转让或卖给了其他的农户。

第五，常保养，勤维修，渠道设施管理加强了，田间工程兴建及时了。过去，灌区和村上修建的斗渠、农渠、毛渠和配备的设施，平时没有人管护，损坏、破烂得比较快。协会成立后，村委会把管理权交给了协会，协会又把每条渠道都划段承包到每个会员头上，每家每户都成了工程的管理者和维修者，并且能够互相监督，事事有人问、有人管。

总之，我们彭庄村农民用水者协会成立以来，形成了一些好的做法和经验，取得了比较明显的成效，给群众带来了一定的实惠。这是国家提倡建设节水型社会、政府和水利部门改革用水制度、让我们老百姓直接参与用水管理并给予我们多方关心和大力支持的结果。

朱金国 甘肃省民乐县三堡镇彭庄村农民用水者协会会员

三项机制联动确保长久节水

对于如何建设“节水型社会”，众说纷纭，如加强技术改造、强化节水意识等，不一而足。毋庸置疑，这些建议都是有道理、有针对性的，但笔者以为，与其说这些措施是建设“节水型社会”的必由之路，不如说它们是节水型社会的当然结果。因为，无论是技术改造，还是强化节水意识，其本身都是某种高层次机制作用的结果。机制才是最长久的，其作用才是最长效的。有了这种机制，就有了建设“节水型社会”的法宝。

笔者认为，建设节水型社会最直接、最简洁的方法就是政府通过立法禁止浪费，使任何社会成员不得不节约用水，即通过权威机制使人节水。譬如，为应对奢侈用水，征收高额税收，制定具有较强可操作性的节约用水法规，等等。这种机制的最大优势，就在于它的威慑力和强制力，但如果这种机制的权威超出了社会成员的心理接受范围，个人就可能会实施消极抵抗权威的行为，比如地下交易等。一般来说，因社会成员过于众多、过于分散，政府往往因能力有限而很难对个人实施严格管制。

众所周知，一个人花费自己的资源时会比较节约，而消费别人的资源时就可能会无所顾忌。这启迪我们，政府可以通过完善外部制度环境，使水资源收益与成本相符，这样社会成员就会从自身利益出发，采取节水措施，也就是说通过市场机制使人节约用水。

然而，市场机制也有其局限性，尤其是分寸很难把握准。过低的价格上涨不会改变人们的行为方式，但过高的上涨却易引来人们的反对。在这种情况下，政府深入的引导和宣传就显得非常重要了，这就是用道德机制使人们节约。

由此可见，权威、市场和道德三种机制密不可分，它们的良性循环和协调运作，可使个人具有节水意识和节约品德，也可促进企业从事节水技术的开发和创新，这将使社会转变成“自动性”节水型社会。因此，唯有实施节水机制，使政府倡导的节水转化为社会微观主体的自觉行动，才是建设节水型社会的长久之计。

唐艳华 南昌市委办公厅综合调研处

节水要靠管理机制

笔者认为，节水宣传教育固然重要，但更重要的是要建立严格的管理机制。

一是节水工作必须纳入政府的议事日程。只有政府重视了，群众才能重视，如果政府只是泛泛地讲，群众就只会当耳旁风。

二是管水的部门要真抓真管才行。如有的地方洗车业大量浪费水资源，成天处在长流水状态，却没人管。又如一些耗水量大的企业，没有核定用水指标，有的偷着打井，有的在水表上做手脚。这些问题只能靠管水部门来管，单靠宣传无济于事。

三是在农村要用管电的办法管水。农村节水潜力很大，可眼下的情况是：用地下水浇地的，只计电费不计水费；数以亿计的农户，多数家庭没装水表，不用说生活用水没法控制，就是浇房前屋后的菜园、果园也毫无管理措施。

四是要认真贯彻《水法》。能不能落实科学发展观，能不能把节水工作抓出成效，最根本的问题还是要遵循依法治国的方略，不折不扣地把《水法》贯彻好、宣传好、落实好。

许玉广 河北省廊坊市市民

调研

让节水成为人们的自觉行动

——对天津节水型社会建设的调研

天津市作为我国缺水最严重的城市之一，以建设节水型社会为目标，通过统筹内、外水源，努力节约用水，基本满足了经济社会发展对水的需求。天津市是如何开展节约用水的？如何使节约用水成为居民、企业、农民等用水者的自觉行动？有哪些好的经验和做法值得借鉴？2005 年 6 月 30 日—7 月 2 日，水利部办公厅调研组到天津进行了实地调研。

案例：九个典型各具特色

（一）分质供水让节约更简单

梅江芳水园小区是天津市近几年新开发的居民小区，在用水方面有两个特点：

一是居民家庭用水实现了分质供水；

二是小区景观和绿化用水采用再生水，并建设循环回用系统。

该小区建设了 3 套管道供水系统，每家安装 3 个水表：第一套是直饮水系统，输送的是达到可直接饮用标准的水，供居民家庭直接饮用；第二套是自来水系统，输送的是自来水厂供应的水，用于洗菜、洗涤、淋浴等；第三套是再生水系统，输送的是达到生活杂用标准的再生水，用于冲厕。

通过建设3套管道，小区实现了分质供水，实行优水优用。据初步了解，居民家庭中，直饮水用量较少，自来水约占家庭总用水的3/5，再生水约占家庭总用水的2/5。

小区内建造了一个人工湖。人工湖的景观用水和小区绿化用水使用的是天津纪庄子再生水厂深度处理后达到景观用水标准的再生水。人工湖为封闭水体，小区专门修建了泵站和一套水处理系统，使湖水能得到净化处理，解决了需要定期更换湖水的问题，节约了用水。

（二）实现工业废水零排放

天津三星电机有限公司是以生产电子零部件为主的中韩合资企业。该企业通过加强对企业废水的处理和回收利用，实现了工业废水的零排放，节约了水资源，保护了环境。

该公司投资1300万元，建设了处理能力为1800立方米每日的污水处理及回用系统。为实现污水的零排放，企业采取了以下措施：一是按照高于国家标准一倍的指标对污水进行处理，确保处理后的污水达到国家标准；二是对处理后的污水回收利用，用于冷却循环、冲厕、卫生以及绿地浇灌等；三是把节水指标纳入考核目标，落实到每一个职工的日常工作上。通过这些措施，三星电机提高了水资源利用效率，万元产值用水量由2000年的1.96吨下降到目前的0.66吨。

(三)用IC卡节水

天津财经大学现有在校学生12000多人,学生用水量很大。为了节约用水,学校采取措施对学生用水进行计量,将节水的责任量化到每一个学生身上,促进了节约用水。

2004年开始,天津财经大学在学生公共用水的场所安装智能IC卡系统,对学生饮水、洗浴进行计量。学生每人都持有IC卡,学校每月免费提供150升开水,超用则按0.30元每升交费,剩余可以顺延使用。在公共淋浴室实行插卡计时洗浴收费,学生洗浴前必须预先缴费充值,洗浴时将IC卡插入节水控制盒内,再按动出水开关,系统在出水的同时自动扣费,每分钟收费0.15元。原来洗浴每次2元不计时,学生洗浴时是长流水,用水浪费严重。使用IC卡后,学生洗浴时用水时间大为缩短,洗浴用水得到了较大的节约。学校还在学生宿舍内安装水表，对日常生活用水实行计量收费，水费由学生自主分摊。据学校估计，通过用水计量，节水率在60%以上，仅洗浴一项日均节水165立方米。

（四）再生水供不应求

天津经济技术开发区新水源公司主要业务是对开发区的污水进行处理，以达到国家规定的排放标准；同时将部分处理后的污水再进行深度处理，生产出高纯度的水，满足一些企业的生产用水需求。

公司建有一座设计能力为10万立方米/日的污水处理厂，采用序批式活性污泥法处理工艺先对污水进行处理。然

后把处理后的污水送到公司新水源一厂，通过连续微滤装置进行预处理和反渗透装置进行后期脱盐处理，生产再生水。目前日产微滤出水 3 万立方米，主要用于市政杂用及园林绿化；反渗透出水 1 万立方米，水质基本达到纯净水标准，主要用于特殊工业用水。由于再生水价格相对便宜，比工业自来水价格 4.6 元低 0.7 元，产品供不应求。

（五）海水冷却循环系统

天津碱厂通过直接用海水替代淡水作为循环冷却水，节约淡水资源，减少污染。

2005 年天津碱厂建成每小时处理 2500 吨的海水循环冷却示范工程，直接用海水替代淡水作为循环冷却水，年节约淡水可达 56 万吨，直接创造经济效益约 200 多万元。以前我国企业使用海水作为冷却用水，都是直流冷却方式，即海水只使用一次就排回大海，而天津碱厂采用的海水循环冷

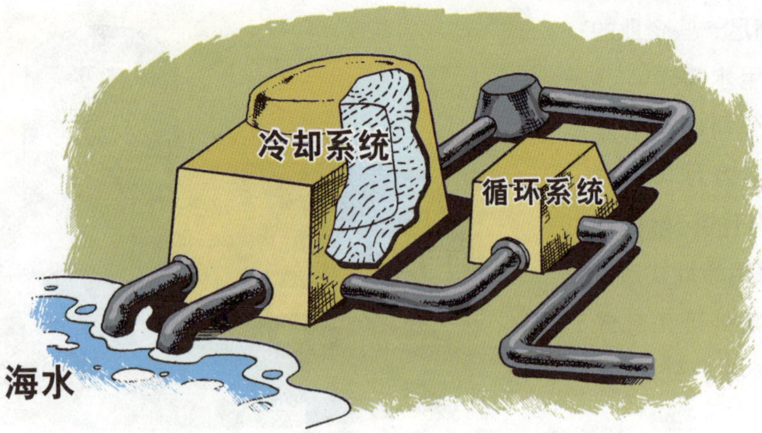

却技术与海水直流冷却技术相比，海水取水量大大减少，降低了工业冷却的成本，并且使排污量减少了95%以上。

（六）海水淡化成本有望降低

天津塘沽反渗透海水淡化科技试验工程，建成于2003年，是一个日产1000吨淡水的海水淡化处理工程。

该工程通过对浑浊的渤海水进行预处理、连续微滤、海水加热（阻垢剂、还原剂）、高压泵加压、反渗透等一系列工艺过程后，生产出清澈的淡化水。由于渤海污染相当严重，不得不对海水进行预处理，生产1吨淡化水的成本约为7元，主要供应塘沽区的几家企业，颇受企业欢迎。下一步该企业还将建设日产2万吨的反渗透海水淡化装置，随着生产规模的扩大，生产成本有望降低。

（七）农业用水计量采用智能技术

宁河县东淮沽村农业用水计量工程，主要是通过利用智能IC卡技术，对取用地下水的水泵的用电进行计量，从而使农业取用地下水的水量得到计量，促进农业节水。

宁河县东淮沽村是天津重要的蔬菜生产基地，蔬菜的灌溉主要从20眼机井取水，并通过相应输水管道来进行。以前由于无计量设施，水资源浪费严重。2004年，该村引进并安装了6套机井磁卡自动收费装置。村民利用井水灌溉前，必须对所持的卡进行缴费充值，然后才能插卡计量用水，农民的节水积极性得到较大提高。目前该村对1200亩井灌区耕地采取了这种灌溉管理模式，据测算，每亩地可节水50%，每亩地年可节省灌溉费用100元左右。该村正计划对其余耕地也采用这种管理方式。

（八）灌区节水改造工程

宝坻里自沽灌区主要利用潮白河来水进行灌溉。建设灌区农业节水工程，目的是通过对灌区的节水技术改造，为下游灌区灌溉创造条件，进而进行上下游灌区水权分配，以保障上下游灌区的协调发展。

宝坻里自沽灌区有效灌溉面积31万亩。以前由于工程老化失修，用水浪费，潮白河来水在本灌区基本消耗殆尽，下游灌区无水可用。1998 年天津市开始在该灌区实施节水改造工程，目前改善节水灌溉面积 13 万亩，灌溉水利用系数从 0.45 提高到 0.57 左右。灌区节水改造全部完成后，年可节约水量 6000 万立方米，将为开展潮白新河上下游初始水权分配工作，保证下游宁河、汉沽的灌区有适当的用水权提供必要的工程和技术基础。

(九)矛盾少了，水费计收更方便

宁河县东淮沽村农民用水者协会和宝坻曹家沽村农民用水者协会，都成立于 2004 年。协会成立前，两村都存在农业灌溉不及时，灌溉水浪费严重的现象，还经常出现偷水、抢水事件，水费计收困难。协会成立后，制定了灌溉管理、工程管理、财务管理等相关制度，实现了农民自主灌溉管理。村民说，由协会负责灌区管理，是省水、省电、省时、省工、省钱。拿宝坻曹家沽村来说，协会成立前后，每亩水稻用水由 1200～1300 方水变为 600～700 方水，每亩浇地用电费由 40 多元变为 20 多元，灌溉时间由 20 天左右变为 10 天，每年的渠道清淤维护费由 1.5 万元变为 5000 元。现在用水矛盾减少，水费计收方便。

启示：行政、经济、科技多措并举

这次考察的天津市节约用水的9个项目，都取得了较好的成效，涵盖的范围较广，既涉及农业用水，也涉及生活用水、工业用水；既有常规水源利用，也有海水、再生水等非常规水源利用；既有工程节水措施，也有科技、价格等节水手段；既有政府的宏观控制，又有公众的民主参与。通过与天津市水利局及有关方面的座谈、讨论和对这9个项目的分析、研究，可以看出，天津市搞好节约用水工作主要有以下经验和启示。

（一）采取措施将节水目标和责任落实到每个用水者身上

天津总体上是缺水的，节水是解决天津水资源问题的根本出路。但是，如何将节水目标和责任分解到每一个用水者身上，让每一个用水者都节约用水，实现节水人人有责，人人自觉节水，这是节约用水中的关键问题。天津市通过每年由市节水办向各用水单位下达用水计划，把每个用水单位的用水指标纳入国民经济计划管理范围，从而在全市实现了对用水的总量控制。在用水计划管理上，每年先由各单位向市节水办申请用水计划，市节水办对各单位的用水计划进行汇总审核后，形成天津市节水用水计划，经市发改委下达到各个区县和委办局，再通过层层划分明确各单位的水资源使用指标。通过层层下达用水计划，天津对全社会的用水形成控制，确保每一个最终的用水者明确自己的用水计划和节水责任。天津市用水计划指标体系，一方面是根据历史上的用水情况来确定，另一方面根据当年的水资源状况并参照用水定额进行调整，因而比较符合天津的实际。用水计划指标下达后，任何单位用水都必须控制在指标范围内，否则实行累进加价。目前，天津计划用水考核率已达到95%以上。自1999年开始，天津市已5次调整了城市供水计划，城市日供水量由220万立方米降至151.7万立方米。

（二）发挥水价在促进节约用水方面的作用

主要措施包括以下三个方面：一是逐步提高供水价格。从1997年以来，天津6次调整自来水价格，综合水价每吨已达到3.9元，特种行业水价提高到18元。二是对超计划用水实行累进加价。对企事业单位、机关团体等单位用水实行累进加价，超过

计划指标10%以下的，按照自来水和水资源费标准的1倍收费；超过10%～20%的，按标准的2倍收费；超过20%～30%的，按标准的3倍收费；超过30%～40%的，按标准的5倍收费；超过40%以上的，按标准的10倍收费。三是对不同的用水、不同水质的水，实行不同的水价政策。天津再生水水价按不同用途为每吨1.1~1.8元，大大低于自来水价。天津市的水价政策起到了比较明显的成效，不仅促进了用水计划的实现，而且通过差价管理，促使再生水、海水利用比重明显提高。

（三）注重搞好水资源的优化配置

天津水资源主要包括当地的地表水、地下水，引黄、引滦等外来水以及海水、再生水等非常规水源。对这些有限的水资源，天津市十分注重搞好优化配置。一是通过产业结构的调整来促进水资源的优化配置和节水目标的实现。目前，节水型工业产值已占全市工业总产值的71%，用水量仅占40%。农业也调整种植结构，发展高效节水农业。2004年，天津全市农业总产值比2003年增长5.3%，用水量没有增加。二是鼓励对节约下来的用水指标进行有偿转让。近年来天津市每年从水费中提取补贴资金1000多万元，用于蓟县于桥水库周边进行节水工程建设，发展高效节水农业，从而把节约出来的引滦水转让给工业和城市使用。潮白新河水系的宝坻、宁河和汉沽之间的初始水权分配工作也正在进行。三是重视非常规水资源的开发利用。目前，天津市工业用水重复利用率已提高到85%，比全国平均水平高34个百分点；全市有400多万平方米住宅实现中水入户，城市年再生水回用量约6000万立方米；在滨海新区，再生水、海水利用量已占到该地区总用用水量的20%。

（四）注重依靠科技手段节水

科技进步在提高天津市水资源利用效率和效益方面发挥了很大作用。用智能IC卡来计量和控制生活和农业用水，新水源公司的污水处理技术、天津碱厂的海水循环冷却示范工程、塘沽的反渗透海水淡化工程等都是天津节水科技的具体体现。天津市有关部门每年都要投入相当的经费用于节水科技攻关，“十五”期间共投入节水科技资金近2.1亿元，建设了海水淡化、工业循环冷却水、污水脱盐等一大批国家级节水科技示范项目。目前，天津正由市节水办牵头，联合一批国家级节水技术研究机构，组建“天津市水研究中心”，搭建节水科技创新平台。投资3000多万元建设节水科技园，作为节水器具研制开发、生产检测的生产基地和推广中心。

（五）注重构建公众参与的新机制

天津市通过建立各种机制、采取多种办法来促进每个用水者积极参与节约用水工作。在农村，积极推进农民用水者协会的组建工作，由农民民主选举产生农民用水者协会，负责水权、水量的分配、管理、监督和水价的制定，充分调动广大用水户节水和参与水管理的积极性。在城市，开展创建节水型企业和节水型居民小区活动；通过安装计量设施，促进在高校学生中间建立自主协商用水的机制，使学校等公共用水单位也参与到节水型社会建设中来。市节水办发挥节水工作的龙头作用，与有关部门在产业结构调整、节水研究、非常规水利用等各个领域开展合作，动员各行各业以及全市市民自觉节约用水。

建议：初始水权分配及早进行，两套指标体系亟待完善

（一）加大水资源综合规划工作力度，尽快进行初始水权分配

从流域来看，天津位于海河流域的下游。由于流域内没有明确的水权分配方案，随着经济社会的发展，地区间的用水矛盾日趋尖锐，迫切需要进行初始水权分配，以明确地区间的用水权指标，也可以为区域间的水权转换提供依据。从天津市来看，目前的水资源配置中是不考虑或者说很少考虑生态和环境的，从而不可避免带来一些生态和环境问题，急需通过初始水权分配来加以解决，以实现水资源与经济、社会、环境的协调发展。要进一步加大水资源综合规划的工作力度，在摸清流域水资源家底的基础上，以流域为单元，进行初始水权分配，合理制订水资源配置方案。在水资源配置中，要充分考虑生态和环境用水需要，避免“有河皆干”，避免地下水位持续下降。要处理好流域上下游、左右岸的关系，科学、公平、合理地分配各区域的初始水权指标，保障地区间协调发展。

（二）建立和完善用水宏观控制指标和微观定额指标两套管理体系，为节水型社会建设奠定基础

天津市用水宏观控制指标主要是通过对各个用水单位下达用水计划的方式来实现的。这套用水计划指标的制订主要是基于多年来对用水户用水资料的积累，是总结长期实践经验得出的结果，其科学性还有待进一步研究。对于微观定额指标有关工作，天津市相对较为薄弱，虽然在部分行业明确了404项用水定额，但由于定额覆盖面窄，在实际操作过程中面临很多困难。就全国各地而言，需要积极探索建立本地区用水宏观控制和微观定额管理两套指标体系。宏观控制指标体系是明确各用水单位用水水权和节水责任的基础。各地要根据自身的水资源状况和用水需求，做好本地水、外调水及再生水等非常规水源的优化配置，确定水资源总用水量，

明确各行业用水量，逐步建立起一套总量控制、指标管理的用水宏观控制体系，并随着初始水权制度的建立和完善而逐步完善。微观定额指标是科学用水的标准。要加大定额管理工作力度，建立科学合理的定额指标体系。结合实际积极探索适合本地区的定额指标管理的具体实现形式。尤其是水资源较丰富地区，更要尽快建立和完善定额指标管理体系，明确相应的节约用水标准，推动节水型社会建设迈上新台阶。

(三)加大治污力度，注重非常规水的利用

加大水污染的治理，强化对再生水等非常规水资源的利用，对于解决干旱缺水问题，保护生态与环境，增强可持续发展能力具有重要意义。天津市在治污、再生水利用及海水利用上的探索值得借鉴。在节水型社会建设中，要大力推进治污、防污工作。要树立节水就是减污、治污就是增水的观念。要推动绿色经济、循环经济的发展，引导企业树立绿色经营理念，强化社会责任感，采取综合措施，加大治污力度，提高水的循环利用率和用水效率。要加大对生活、生产污水的处

理力度，注重再生水的利用，完善有关政策和技术标准，配套相关的工程设施，加大再生水在景观、绿化、工业、居民生活等各方面的利用力度。沿海地区应结合当地条件，因地制宜地加大对海水的直接利用和淡化利用的力度。

（四）采取经济手段，促进节水目标的实现

经济手段是建设节水型社会非常重要的措施。天津市通过 6 次调整自来水价格以及采取累进加价、差别水价的政策，使全社会节水意识得到提高，保证了用水计划目标的实现，也促进了水资源的合理配置。要重视研究和建立科学合理的水价政策和水费计收体系。通过水价政策，将用水户的经济利益与节约用水联系起来，发挥价格对促进节水的杠杆作用。对农业用水、公共场所用水，要完善计量设施，建立科学的水费计收体系。在水价制订中，要充分考虑居民经济承受能力，照顾困难群众和弱势产业，保障社会的公平和安定。

（五）完善节水工程体系，为实现节水目标创造条件

节水设施的推广应用和节水工程的建设是实现节水目标的必要条件。

在天津，正是由于在居民生活小区建设了分质供水系统，再生水的利用才成为可能；正是由于对农业渠系工程的节水改造和安装地下水用水计量设施，农业用水效率才得到提高。因此，在加强制度建设的同时，要大力加强节水工程体系的建设。在节水工程建设中，要十分重视科学技术的作用，大力推广和运用新技术和新工艺。在城乡生活中推广和使用节水器具，开发中水回用技术，充分利用处理后的废污水。对工业企业进行节水技术改造，推广节水工艺，推行清洁生产，减少工业废水排放量。农业要强化节水设施改造，建设用水计量设施，推广节水灌溉技术和新的农业耕作技术，提高用水效率。

（六）加大资金投入力度，保障节水工作顺利进行

节水工作需要大量的资金投入。在天津，居民安装节水器具、农业节水改造、企业节水设施建设、节水科研等都需要资金支持。解决节水投入问题，需要调动各方面的积极性。要完善相关政策，加快建立节水型社会建设的投入保障机制。中央和各级政府都要加大对节水型社会建设的投入力度。但是，在进行节水型社会建设时，政府资金不可能大包大揽，应着重突出引导和推动功能，通过对节水设施建设项目的适当补助，吸引社会资金对节水工作进行投入。要充分发挥市场机制的调节作用，拓宽融资渠道，建立多元化的投资机制，鼓励和推动节水型社会建设。

杨得瑞 陈茂山 于琪洋 张范 赵鹏 敏（水利部办公厅调研组）

实践

张掖：第一个试点

地处黑河上游的甘肃省张掖市是第一个全国节水型社会建设试点。张掖人在明晰水权总量的基础上，积极推进水权制度改革。创新地实行了“水票制”运作形式，创建了“农民用水者协会＋水票”的水权配置与流转的运行模式，有效保障农业用水水权的实现；通过不断深化水管理体制改革，为区域水权制度实施提供体制保障；采取经济结构、种植结构调整、灌区节水技术改造及一系列的水资源高效利用措施，提高了用水效率和效益。

通过几年的试点建设，张掖初步形成了“总量控制，定额管理，以水定地，配水到户，水量交易，水票运转，公众参与，城乡一体”的一整套节水型社会运行机制。张掖用实践回答了我们要不要建设节水型社会，怎样建设节水型社会的问题，为解决我国水资源问题积累了宝贵经验，为我国建设节水型社会创造了第一个标本。张掖市通过节水型社会建设，在保证区域经济发展的同时，连续7年圆满完成黑河水量调度任务。

绵阳：丰水地区的样本

绵阳是继张掖之后水利部确定的第二个全国节水型社会建设试点。与张掖不同，地处涪江中上游的四川省绵阳市属于丰水地区，这座以科技产业为主导的新兴工业城市多年平均降水963毫米，人均水资源2200立方米。这样的水资源条件使其成为另一种节水型社会建设的典型。那么，在南方水资源相对丰富、经济社会快速发展的地区，如何走出一条水资源可持续利用支撑经济社会可持续发展的道路？

经过几年的试点建设，绵阳从定额管理、价格调控、数字调度、节水减污、人水和谐入手，初步建立起以定额管理和经济调节为核心，增效和减排相结合的水资源管理制度体系；以发展高科技产业为龙头，以人水和谐的现代区域经济体系和信息化建设为切入点，建设与高效用水和安全用水相适应的工程技术体系，实现了用水效率和效益大幅度提高，水生态与水环境显著改善，用水安全得到保障的目标。绵阳市委、市政府实事求是，因地制宜，勇于创新，在节水型社会基本理论的指导下，已初步走出了一条有绵阳特色的节水型社会建设之路，为丰水地区的节水型社会建设积累了丰富的经验。

大连：沿海缺水地区的示范

辽宁省大连市位于辽东半岛，是经济高度发展的沿海城市，水资源系统相对独立又非常短缺，从外面调水的可能性也比较小。要以有限的水资源支持经济社会发展，就需要建设节水型社会。2003 年 12 月，水利部确定大连市为全国节水型社会建设试点。试点工作开展以来，大连市紧紧围绕《大连市节水型社会建设试点工作方案》确定的工作总体目标、主要指标、主要内容，有组织、有计划、有步骤地全面开展了节水型社会建设试点工作。加强领导，动员全社会参与，夯实节水型社会建设的基础；加强法规制度建设，规范节水型社会建设中的涉水事务和行为；努力构建以效率、效益和可持续发展为主要特征的节水型社会，取得了新的成效。强调节流为先，同时大力开发非常规水资源（如城市生活污水处理回用，海水淡化利用等）。这个试点将成为东部沿海地区经济社会发展较快、发展程度较高，但水资源相对短缺地区的一个典型。

西安：古老都城的深刻变革

陕西省西安市是世界闻名的历史名城，与开罗、雅典、罗马并称世界四大文明古都。同时，它也是一个水资源极其短缺的城市，人均地表径流占有量仅 310 立方米，相当于全国人均占有量的 15%，远远低于国际公认的维持一个地区可持续发展的人均水资源拥有水平。20 世纪 90 年代初期，西安市辖区1648平方公里范围内可供开采地下水量6.28亿立方米，实际开采量为6.71亿立方米，超采0.43亿立方米，特别是在城市中心区超采水量已逾2.12亿立方米。由于过量开采，造成地下水位持续下降，加剧了地面沉降和地裂缝等环境地质灾害的发生，致使明城墙、钟楼基座裂缝，举世闻名的唐大雁塔向西倾斜，地裂缝沿线2000多幢建筑物遭到破坏，直接经济损失达1亿多元。

为了以水资源的可持续利用支撑经济社会的可持续发展，2004年1月，西安市被水利部正式批复为全国节水型社会建设试点市。两年多来，西安市通过制定实施《西安市节水型社会建设实施方案》，进一步明确了各成员部门的任务，落实了资金，增强了可操作性。通过推进水价改革，充分发挥价格杠杆对节水的促进作用。他们加强地下水管理，开展了“保护地下水行动”，严格控制地热水、矿泉水的开发，组织编制《西安市地下水保护利用

规划》。同时，西安市大力推广应用节水新技术、新工艺和新设备，支持企事业单位进行污水处理项目建设，实施节水技术改造。在洗车业，积极推广无水洗车技术、微水和蒸汽洗车技术，较传统洗车方式的用水量节约80%以上。加大节水型社会建设的宣传力度，提出“节水要从娃娃抓起”的口号，在学校宣传节水型社会建设。可以说，被确定为全国节水型社会建设试点以来，西安节水型社会建设成效颇丰。

宁夏：探索区域水权制度

宁夏回族自治区属于经济社会欠发达地区，水资源紧缺一直是困扰宁夏国民经济快速发展的重要瓶颈。近两年来，他们通过调整农业种植结构、提高农业用水利用系数，发展高效节水农业，从而将北部引黄灌区节约出来的水资源运用市场机制转让给相关工业企业，实现了农业节水支持工业发展，工业反哺农业，并带动城市化及国民经济全面协调发展的目标。

宁夏尤其是宁东地区，本来是寸草不生的荒漠地带，但区内煤炭等矿产资源丰富，现通过水权转换，将一部分农业用水转换出来用于工业发展，一些企业解决了用水难题，相继进驻宁东，大大加快了宁东地区的发展，也加速了该地区作为能源基地的形成。他们的做法是在用水总量不增加的情况下，由政府和企业投资对灌区进行节水改造，以提高水的利用效率，把节约的水量有偿转让给新建电厂。通过水权转让，调整用水结构，以节水促进城乡之间、行业之间的水资源优化配置，从宏观上提高水资源的配置效率，从微观上提高水资源的利用效率。

宁夏水权有偿转让的重大意义在于走出了一条成功解决干旱地区经济社会发展用水的新路。近几年，黄河来水偏枯，供用水矛盾日趋突出，水资源短缺已成为黄河流域经济社会发展的瓶颈。通过水权转让，在农业节水基础上，统筹城乡水资源配置，通过工业支持农业节水，农业节水支持工业和城市建设，充分提高农业用水效率，保障今后工业乃至社会发展用水，是我国北方地区，尤其是黄河流域经济社会发展的必由之路。

张家港：经济发达水网地区的借鉴

张家港市地处长江口南岸苏锡常都市圈的东北部，北靠长江，南临太湖，境内水网密布，是一个新兴的港口工业城市，经济社会十分发达，水利部将其确定为全国节水型社会试点城市，旨在探索经济发达的丰水地区实现经济、社会与水生态水环境全面、协调、可持续发展的有效途径。张家港将节水型社会建设试点定位在建设循环型节水防污社会上，主要通过体制和机制创新以及工程建设，构筑宏观上的水生态循环体系，宏观上的行业用水循环体系和微观上的用水户用水循环体系。他们以水权水市场理论为指导，以提高水资源的利用效率和效益，改善水生态与水环境，促进经济、资源和环境协调发展、实现人水和谐为目标，以节水和防污为重点，建设、建立了循环型工业用水体系、循环型农业用水体系、循环型生活用水体系、健康循环的水生态与水环境体系、水安全保障体系、水文化体系和现代技术体系，为推进我国节水型社会建设提供了有益的借鉴。

上海浦东：建设现代化节水型社会

上海浦东新区地处黄浦江下游和长江入海口南侧，三面环水，过境水资源量丰沛，年均降水量 1108 毫米，年平均降水日数为 130 天。每年的 6—9 月为汛期，平均降水量 562.4 毫米，占全年降水量的 51%。目前浦东新区共有大小河道 4623 条段，河道长度 2276.36 公里，水面积（不包括黄浦江）37.2 平方公里。水资源量比较丰富，但受到长江咸潮和黄浦江水质污染的影响，内河水源水质较差，水质型缺水问题较为突出。20 世纪 90 年代以来，随着浦东的开发开放和人口的增长及经济社会的快速发展，浦东新区水资源短缺问题日益凸显，水资源短缺已经成为制约浦东新区经济社会发展的瓶颈。

近年来，浦东新区在节水型社会建设过程中，以水权、水市场理论为指导，改革体制、创新机制、完善法制，因地制宜，积极探索，在工业节水、农业节水、污水处理等方面取得了明显成效，水资源利用效率和效益明显提高，有力地保障了经济社会的快速发展。经过不懈努力，浦东新区万元产值用水量从 20 世纪 90 年代初的 67.5 立方米下降到目前的 43.2 立方米；在人口增长 2/3、GDP 增长 35 倍的情况下，用水量仅增加 2/3。

浦东新区创新节水理念，以"优质、高效、安全、和谐"为特征，建设符合国际大都市发展趋势的现代化节水型社会。通过优化产业结构和发展高新技术提高水资源利用效率和效益；通过水资源现代化管理与调度来满足各行业的用水需求；保障饮用水水源安全、用水安全和水环境安全，应对可能出现的各类涉水突发事件；以"人水和谐"的水文化为核心，保护水资源、

水生态和水环境，创建与水自然循环相和谐的水的良性社会循环。

深圳：建设节水型社会 破解水资源问题

深圳地处南海之滨，境内无大江大河大湖大库，虽说雨量充沛(多年平均降雨量 1837 毫米)，但蓄水能力差，是全国七大严重缺水城市之一。

伴随着经济的高速发展，深圳市面临的土地、能源资源、人口和环境等硬约束瓶颈问题日益突出，水资源严重影响该市经济的正常运行和长远发展。为实现水资源可持续利用，保障经济社会的可持续发展，深圳市将建设节水型社会作为破解水资源问题的根本出路，作为贯彻落实科学发展观，建设资源节约型、环境友好型社会的实际行动。他们强化节水意识，向观念要水；加强水资源统一管理，向管理要水；完善水价格体系，向机制要水；调整产业结构，向产业要水；制定节水规划法规，靠法制节水；推广节水新技术，向科技要水。

通过几年的试点建设，2005 年深圳本市生产总值达到 4927 亿元，万元 GDP 耗水量 33.8 立方米(含农业用水)，比 2004 年下降了 9.6%，万元工业增加值耗水量 22.8 立方米，比 2004 年下降了 12.3%。节水型社会建设取得了一定成效。

知识链接

什么是节水型社会

节水型社会就是水资源集约高效利用、经济社会快速发展、人与自然和谐相处的社会，它的根本标志是人与自然和谐相处，它体现了人类发展的现代理念，代表着高度的社会文明。通过建设节水型社会，能使资源利用效率得到提高，生态、环境得到改善，可持续发展能力得到增强，促进经济、社会、环境协调发展，推动整个社会走上生产发展、生活富裕、生态良好的文明发展道路。

节水型社会是人们在生活和生产过程中，在水资源开发和利用的各个环节，贯穿对水资源的节约和保护意识，以完备的管理体制、运行机制和法制体系为保障，在政府、用水单位和公众的共同参与下，通过法律、行政、经济、技术和工程等措施，结合社会经济结构的调整，实现全社会用水在生产和消费上的高效合理，以水资源的可持续利用保障经济社会的可持续发展。

节水型社会比传统意义的节水有着更为丰富的内涵。节水型社会不是在现有的社会系统上加上节水的内容，而是在社会各个层面和各个领域的具体实践活动中，都以节水作为其社会行为的基本准则之一，建立健全相关机制体系，协调社会经济结构，实现社会系统、生态系统和水资源的良性发展。

节水型社会与传统的节水有很大区别：

传统的节水
工程措施为主；
生产力范畴；
行政手段推动。

节水型社会
制度建设为主；
生产关系范畴；
经济手段为主的节水机制。

节水型社会有哪些基本特征

节水型社会至少应具有三个基本特征：

一是公众普遍具有良好的节水意识。

公众是节水型社会建设的主体，公众的节水意识及其参与意识直接决定着节水型社会建设的成败。

二是要形成与水资源条件相适应的生产模式和生活方式。

不同于传统的工程技术节水，节水型社会建设是一场深刻的、涉及生产力、生产关系和上层建筑不同层面的社会变革，它强调水资源管理及节水工程技术体系的完善，更加注重对于传统资源粗放利用的生活方式与生产模式的改造。

三是具有一套保障节水型社会良性运行的制度体系。

作为一种现代的文明社会形态，节水型社会需要一套比较完备和稳定、并带有一定强制性的社会规则来规范人们的行为，因此制度建设是节水型社会建设的核心。

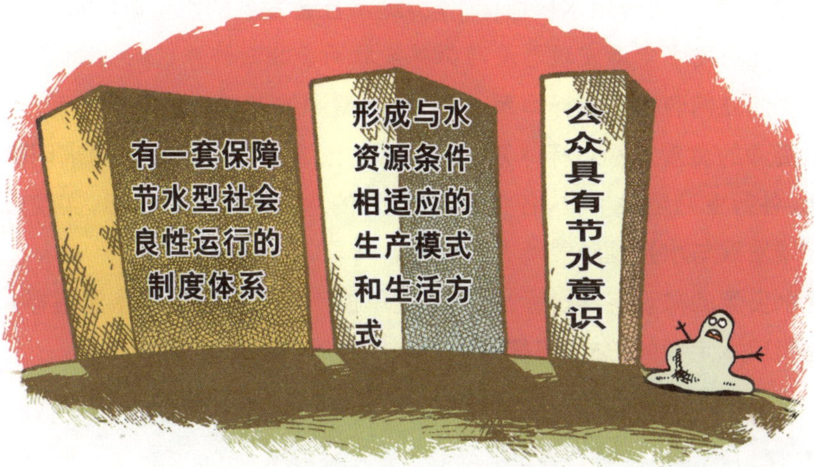

建设节水型社会的5个步骤

建设节水型社会，简单来讲主要有以下几个步骤：

一是明晰初始水权。

明晰初始水权是节水型社会建设的工作基础。

初始水权是国家根据法定程序，通过水权初始化而明晰的水资源使用权。由于水资源是以流域为单元，因此首先要以流域为单元，通过流域的水资源规划，进行初始水权的分配，再确定各区域的用水权指标。

在各流域或区域分配初始水权时，要根据水资源承载能力，保证生态用水和环境用水需求，协调好上下游、左右岸，特别是行政区划之间的关系，协调好发达地区和相对落后地区、城市和农村、工业和农业之间的关系，注意保留一部分用水权指标，作为经济社会发展的水资源储备。

二是确定水资源宏观总量与微观定额两套指标体系。

要建立两套控制指标体系，一套是水资源的宏观总量指标体系，一套是水资源的微观定额指标体系。水资源的宏观总量指标体系用来明确各地区、各行业乃至各单位、各企业、各灌区的水资源使用权指标，实现宏观上区域发展与水资源承载能力相适应。

水资源的微观定额指标，用来规定单位产品或服务的用水量指标。通过控制用水定额的方式，来提高水的利用效率，达到节水目标。

三是综合采用法律措施、工程措施、经济措施、行政措施、科技措施，保证用水控制指标的实现。

四是制订用水权交易市场规则，建立用水权交易市场，实行用水权有偿转让，实现水资源的高效配置。

五是用水户参与管理。

建设节水型社会要鼓励社会公众以各种方式广泛参与，使得相关利益者能够充分参与政策的制订和实施过程。如成立用水户协会，参与水权、水量的分

声音

解决水问题的根本出路，在于加强水资源的节约和保护。要按照建设资源节约型和环境友好型社会的要求，把节约和保护水资源作为一项革命性措施来抓。要以提高水资源利用效率为核心，全面推行各项节水措施，建立健全促进节水的体制和机制，形成节水型的增长方式和消费方式，建立节水型国民经济体系和节水型社会。

——回良玉(2005年12月，在全国水利工作座谈会上的讲话)

配、管理、监督和水价的制订。用水户协会要实行民主选举、民主决策、民主管理、民主监督，充分调动广大用水户参与水资源管理的积极性。

什么是水权和水权转让

水权是以水资源所有权为基础的一组权利的组合，有广义和狭义之分，广义的水权包括水的所有权、使用权、经营权、转让权等。在我国，水的所有权属于国家，国家通过某种方式赋予水的使用权给各个地区、各个部门、各个单位。因此，我们所讲的水权是狭义的水权，也就是水的使用权。

水权可以有偿转让：占用了他人的水权，需要付费；反之，出让水权，可以收益。通过水权交易市场进行用水权的有偿转让，买卖双方都会考虑节水，社会节水的积极性被调动起来，水资源的使用就会流向高效率、高效益的领域。

什么是水市场

广义的水市场，包括水产品市场和水资源市场两类。

所谓水产品市场，如纯净水、蒸馏水和自来水的交易市场，这种水市场交易的是一定量的水而不是水资源（水体），是一定量的水或水产品的所有权，是一种水的实物即水的所有权交易。

所谓水资源市场，如江河湖水体、地下水体以及人工水库、水渠的交易市场，这种水市场交易的是一定量的、不断供应的水资源的使用权，主要是一种水源即水体的使用权交易。

什么是水资源承载能力和水环境承载能力

水资源承载能力指的是在一定流域或区域内，其自身的水资源能够持续支撑经济社会发展规模，并维系良好的生态系统的能力。

水环境承载能力指的是在一定的水域，其水体能够被继续使用并仍保持良好生态系统时，所能够容纳污水及污染物的最大能力。

声音

水资源是人类生存和发展的基础，是经济社会可持续发展的重要物质保障。建设节水型社会是贯彻科学发展观，构建社会主义和谐社会，促进人与自然和谐发展的必然要求，是建设资源节约型、环境友好型社会的重要组成部分，是解决我国水资源问题的根本出路。

——2006 年 12 月《节水型社会建设"十一五"规划》

水资源承载能力是从用水的角度来讲，水资源能够支撑经济发展到什么程度。水环境承载能力，是从污水排放的角度来讲，水体能承受多少排放物。这两者是相辅相成、紧密相连的。

什么是生态用水和环境用水

在研究水资源承载能力的时候，必须考虑生态用水、环境用水。生态用水是指动物、植物能够保持正常生存状态所需要的水。地下水状态，海水入侵状态，都会对生态系统产生影响。生态用水侧重人和自然的关系。环境用水侧重人和资源的关系，是特指保持水体自净能力的用水。

什么是水资源的宏观总量与微观定额指标

宏观上，在明确了水所有权的前提下，我们将以公平为主要原则，把总量控制和定额管理结合起来，权衡上下游、左右岸、发达和欠发达地区以及发展现状和发展前景等不同情况进行初始权的分配。

微观上，定额指标是用来规定社会的每一项产品或工作的具体用水量要求，如炼1吨钢的定额是多少，种1亩小麦的定额是多少。

通过这两套指标的约束，各地区、行业、企业的每一项工作都有了用水和节水的量化标准，我们就可以层层落实节水责任，实行定额管理，建立水权交易市场。特别是运用经济手段，发挥价格对节水的杠杆作用；通过制订规则，实行用水权有偿转让，这样交易双方都会考虑节水，节水积极性就能被调动起来，水资源就会自动流向高效率、高效益的领域，实现优化配置。

什么是农民用水者协会

农民用水者协会是以某一灌溉区域为范围，由农民自愿组织起来的自我管理、自我服务的农村专业灌溉管理组织，属于具有法人资格，实行自主经营、独立核算、非营利的民间社团组织。简单地说，农民用水者协会是农民自己的组织，由农民自己管理，为自己服务。

用水者协会有管理和使用协会渠系范围内水利工程的权利，也有自主安排灌溉用水的调度权、工程维护与改造的决策权、灌区规划与建设的参与权。同时，协会也有保证水利设施完好的义务、按国家规定交纳水费的义务。用水者协会应该与供水单位密切合作，完成本区域内的灌溉任务。

用水者协会基本要素：

1.相互协作的会员；

2. 在群众中有威望、能干的协会领导；

3. 科学的管理制度；

4. 足够的活动经费；

5. 高效的灌溉管理工作。

图书在版编目(CIP)数据
节水大家谈/顾浩主编. —武汉：长江出版社，2007.8
ISBN 978-7-80708-256-9

Ⅰ. 节…　Ⅱ. 顾…　Ⅲ. 节约用水—基本知识
Ⅳ. TU991.64

中国版本图书馆 CIP 数据核字(2007)第 108729 号

节水大家谈　　顾浩 主编

责任编辑：赵冕
装帧设计：刘斯佳 刘超
出版发行：长江出版社
地　　址：武汉市解放大道 1863 号　　邮　　编：430010
E-mail:cjpub@vip.sina.com
电　　话：(027)82927763(总编室)
　　　　　(027)82926806(市场营销部)
经　　销：各地新华书店
印　　刷：武汉精一印刷有限公司
规　　格：787mm×1092mm　1/16　13 印张　280 千字
版　　次：2007 年 8 月第 1 版　2007 年 8 月第 1 次印刷
ISBN 978-7-80708-256-9/TV · 58
定　　价：48.00 元